成功大智慧

墨菲定律

马良 唐容 编著

民主与建设出版社
·北京·

© 民主与建设出版社，2020

图书在版编目（CIP）数据

墨菲定律 / 马良 , 唐容编著 . -- 北京 : 民主与建
设出版社 , 2019.11

（成功大智慧）

ISBN 978-7-5139-2851-9

Ⅰ . ①墨… Ⅱ . ①马… ②唐… Ⅲ . ①成功心理—通
俗读物 Ⅳ . ① B848.4-49

中国版本图书馆 CIP 数据核字 (2019) 第 272449 号

墨菲定律
MO FEI DING LV

出 版 人	李声笑
编　　著	马良　唐容
责任编辑	刘树民
封面设计	大华文苑
出版发行	民主与建设出版社有限责任公司
电　　话	（010）59417747 59419778
社　　址	北京市海淀区西三环中路 10 号望海楼 E 座 7 层
邮　　编	100142
印　　刷	三河市刚利印刷有限公司
版　　次	2020 年 4 月第 1 版
印　　次	2023 年 9 月第 2 次印刷
开　　本	880 毫米 ×1230 毫米　　1/32
印　　张	25
字　　数	605 千字
书　　号	ISBN 978-7-5139-2851-9
定　　价	128.00 元（全 5 册）

注：如有印、装质量问题，请与出版社联系。

现代社会，每个人都渴望成功，都希望成为一个出类拔萃的人，可是真正能够达到这个目的的人却寥寥无几。成功，对很多人来说，是可望而不可即的事。

然而，在我们的身边，却又有很多人成功了。这些人或许并没有我们优秀，平时也没有多么显眼，但是，几乎是在一夜间，这些人就变得与我们不同：无数的光环戴在了他们头上，无尽的财富落入了他们的腰包。

这些人是如何成功的呢？难道说，他们是天才，或是超人？不是的，他们也大都是普通人。例如，著名发明家爱迪生，小时候曾被老师赶出校门，认为他不是读书的料，可是他硬是凭着勤奋地努力和艰苦地实践，拥有了两千多项发明和一千多项专利。

那么，如何才能成功呢？无数人的实践告诉我们，成功需要智慧。这种智慧并不是天生的，也不是父母遗传的，而是后天通过学习得来的。

人生就像是一条走也走不完的路，成功总会在终点等着你。这条路坎坎坷坷，有连绵起伏的群山，有无数的艰难险阻，需要你有顽强的意志和坚强的毅力，才能越走越近。

每个人都需要经历许多次人生的考验，进行各种不同的尝试，不断地去奋斗，才能到达目的地。如果你能在悲伤的时光里看到希望，在困苦的绝境里看到光明，那么希望终将来临。

许多成功人士都经历过失败，但是他们都坚持了下来。他们总是能从失败中汲取教训，从挫折中总结经验，最终脱颖而出。

天降的挫折并不是上帝的拒绝，而是生活对我们的磨砺，只有经过千锤百炼的磨砺，我们的心才会在遭遇困难的时候，变得越来越坚强；我们脚下的路，才会在经过众多曲折后，走得越来通畅。这些简单的道理其实就是成功的智慧。

人生需要这样的智慧，成功也不能或缺这样的智慧。为了帮助青少年走上成功之路，我们精心编撰了这套"成功大智慧"丛书，包括《强者生存法则》《墨菲定律》《羊皮卷》《鬼谷子》《格局》五本，分别以生存法则、处事规则、勤奋学习、谋略智慧、人生格局等方面为切入点，以通俗的语言，朴实的道理，详细论述了走向成功的诸多秘诀。

相信通过本书的阅读，无论是个人或团队，都可以从中找到自己所需要的经验方法和成功之道。让我们立即付诸行动，早日加入成功之列吧！

第一章
墨菲定律的致命魔咒

　　"如果一件事情有可能出错，让他去做就一定会弄错。""越是想得到的东西，越是得不到。""如果你认为自己做不到，你就永远做不到。""越是把失败当回事，越是会遭遇失败。""事情如果有变坏的可能，不管这种可能性有多小，它总会发生"……

　　"墨菲定律"运用在多个领域竟然都一一应验。那么这种致命魔咒是怎么产生的，它到底对我们的生活有怎样的影响呢？

小概率酿成的大事故

　　爱德华·墨菲是美国爱德华兹空军基地的上尉工程师，1949年他参加了美国空军进行的MX981实验，这个实验的目的是测定人类对加速度的承受极限。在一个实验项目中，因仪器失灵发生了事故，实验没能取得成功。

　　这一实验项目是把16个火箭加速度计悬空装置放在受试者上方，没有想到的是，一个技术人员竟然把16个测量仪表全部装错了。

　　这次事故让墨菲得出的结论是：如果做某项工作有多种方法，而其中有一种方法将导致事故，那么一定有人会按这种方法去做。

　　几天后，墨菲作出的这一著名论断，被他的上司在记者招待会上引用。几个月后，"墨菲定律"被广泛用于与航天机械相关的领域。它揭示了一种独特的自然及社会现象。其极端表述是：如果坏事有可能发生，不管这种可能性有多小，它总会发生并造成最大可能的破坏。

　　"墨菲定律"也被美国"哥伦比亚"号航天飞机失事事件所印证：这么复杂的系统出差错，发生事故是合情合理的，不是今天，就是明天。结果是必然的，只是时间早晚的事。

　　2003年，"哥伦比亚"号航天飞机在即将返回地面时，在美国得克萨斯州中部地区上空解体，机上人员全部遇难，其中一名是首位进入太空的以色列宇航员拉蒙，另外六名是美国宇航员。

人们总是会在一次事故之后积极寻找造成事故的原因，以防止类似事件再次发生，这是人一般的理性做法，是完全能够理解的。反之，如果置之不理，听任下一次事故再次发生，这是让人无法接受的。

这其实是概率在起作用，正所谓"上的山多终遇虎"。飞机被公认为是世界上非常安全的交通工具之一，一般情况下不会发生事故。统计数据表明，飞机造成人员伤亡的事故率是三百万分之一。

这就是说，假设你每天坐一次飞机，要飞8200年，才有可能遇到一次事故。

这个安全系数相当高了吧？甚至比走路和骑自行车都安全。可现实中我们看到的情况是什么样的呢？机毁人亡的事件几乎每年都在发生，造成的破坏比走路和骑自行车高很多倍。

例如，2019年3月10日上午，一架从埃塞俄比亚首都亚的斯亚贝巴前往肯尼亚内罗毕的埃航波音737客机坠毁，机上载149名乘客和8名机组人员，共157人全部遇难。这是波音737MAX8半年内第二次出现坠机事故。在2018年10月29日，印尼狮航一架波音737客机坠毁，也造成189人遇难的重大空难事件。

当然，这两次空难事故，不一定是人为事故，有可能是机械事故。但即便是机械事故，也是人的侥幸心理造成的。这说明，越是害怕发生某事，某事就越容易发生。因为害怕发生，会造成人的紧张情绪，越是紧张，就越容易犯错误。

另外，人们都非常害怕自然灾害的发生，虽然它发生的概率非常小，但累积到一定程度，自然灾害也会从最薄弱的环节爆发。

　　所以，关键是要在平时扫除死角，消除危险隐患，尽量降低灾害发生的概率，即使无法避免，也要将危害程度降到最低。

　　人们对小概率事件常会存在侥幸心理，认为在一次活动中事故不会发生。但事实总是不尽如人意，正是这种想法，麻痹了人们的安全意识，从而加大了事故发生的可能性，结果导致事故频繁发生。

　　例如，中国运载火箭中每个零件的可靠度均在99.99%以上，也就是说，故障发生的概率均在万分之一以下。但是，火箭发射也出现过接连失败的情况，虽然原因是复杂的，但这充分说明了小概率事件也会常发生的客观事实。

　　"墨菲定律"以必然的不可抗拒的方式在起作用，而非偶然性的。因此，管理者要以积极的态度面对小概率事件，正确地认识到：差错不可避免，事故迟早都要发生，这就要求我们不能忽视，不能有丝毫松懈的思想，必须引起高度重视，时刻提高警觉，尽可能将损失降到最低。

　　容易犯错误是人类与生俱来的弱点，不管科技有多发达，都无法避免事故的发生，而我们解决问题的手段越高明，面临的麻烦就越多。

越害怕的事越会发生

　　你有没有碰到过这样的事？

　　兜里揣着钱包，生怕丢了，每隔一段时间就用手摸一摸，查查钱包是否还在。结果，你规律性的动作引起了小偷的注意，最终，小偷割破了你的口袋，把钱包偷走了。

　　考试临近之际，最怕生病，你小心翼翼地照顾着自己，可到了考试的前一天还是发烧了。因为身体的疲惫和心理的焦灼，最终没能发挥出正常的水平，把考试搞砸了。

　　这就是常说的"怕什么，来什么"。在面对一些重要的人和事时，人都会不自觉地害怕出错，结果越是怕出错，就越是会出错。这条墨菲定律被无数事实证明，在体育、文艺比赛、考试、竞聘中，过分看重成败导致失误的情况比比皆是。

　　最典型的一个例子，就是美国著名杂技表演家瓦伦达走钢丝的事件。瓦伦达家族是世界上非常著名的高空杂技演员世家。70多岁的卡尔·瓦伦达说："生活如同走钢丝，一切都是机会和挑战。"对于他的说法，人们称赞不已。他那种专注于目标、任务的态度以及应对能力，都令人钦佩。

　　然而，1978年，在没有安全网的情况下，瓦伦达在波多黎各的圣乐安市的两个高层建筑之间进行高空走钢丝表演时，不幸坠落身亡。他在掉下时，手中仍然紧紧地抓着平衡杆。他曾经一再叮嘱他的家庭成员，不要把杆扔下，以免砸到下面的人，他用自己的生命实践了自己说过的话。

　　事情发生后，他的妻子悲痛地说："我料定他这次一定会出事，他在上场之前不停地说：这次演出太重要了，我只能成功，不能失败。在此之前的历次演出中，他只关心走钢索本身，其他的事情毫不考虑。可这一次，他太看重演出的成败了，所以出了事。"

　　后来，心理学家把这种因过分担心事态而内心患得患失的心态，称为"瓦伦达心态"。

　　为什么会出现"怕什么，来什么"的情况呢？现在，我们来做一个测试：请你不要想"一群红色的大象"，告诉我，你的脑海里出现了什么？肯定是"一群红色的大象"。

美国斯坦福大学的权威人士通过一项研究得出科学结论：人类大脑中的某一想象图像，会刺激人的神经系统，把假想当成真实情况，并为此做出努力。

比如，当一个高尔夫球运动员在击球之前，担心自己把球打进水里，他就一再告诉自己说："千万别把球打进水里。"然后，他的大脑中就出现了一幅"球掉进水里"的图像。结果，他偏偏就把球打进了水里。

这就提醒我们，在一些至关重要的事情面前，保持一颗平常心是很重要的。倘若把得失成败看得太重，顾虑重重，时刻处于紧张、恐惧、烦躁的状态中，又怎么能把事情做好呢？只有气定神闲，稳住情绪，才能以不变应万变。

越想快却反而变慢了

有时候，快就是慢，慢就是快。"墨菲定律"就是这样，好像在跟人作对，你越急于求成，很想快速完成，结果却越发缓慢；而如果你慢下来，结果反而能快点儿达到目的。

毛竹的生长过程，就反映出"慢就是快"所蕴含的哲理。毛竹是一种多年生的高大乔木，广泛分布于中亚热带。毛竹有一个很特别的地方，就是在栽种后的最初五年中你根本看不到它的生长，即使生存环境十分理想也同样如此。

　　但是，只要五年一过，它就会像被施了魔法一样，开始以每天60厘米的速度急速生长，并在六个星期之内长到将近30米的高度。当然，这个世界上是没有魔法的，毛竹的快速生长所依赖的是长达几千米的根系。

　　其实，早先看上去默默无闻的它一直都在悄悄地壮大自己的根系，毛竹用五年的时间武装了自己，最终创造了自己的神话。

　　不论是生活、学习，抑或是人生事业追求，有了慢的积累，有了慢的思考，才能真正快起来。大凡做事都有做事的规律，办事都有办事的原则，什么事情都是相辅相成、相扶相助的。但事情往往都有相反性和逆性反叛，如果图快，就慢了。

　　有个故事，讲的是一个商人挑了一担行李，往城里赶，途中他向一个老者打听能否在城门关闭之前进城。那老者回答说，如果你慢些走倒有可能进去，如果你走得太着急则可有进不了城。

　　商人心里暗笑老者是老糊涂了，脚下不由得加快了步伐。结果，因走得太快被绊一跤，担绳断了，货物洒了一地，他只得停下来捡回货物，重整担子再上路。结果赶到城下时，城门刚刚关闭。商人恍然大悟，如果慢点走倒真的是有可能进城的。

　　从长时期来看，高速度往往不一定能带来高效率，结果很可能是"欲速则不达"。实践证明，真正的高效率是长期保持一种稳定的合理速度和节奏。如果处处很急切，想快速达到目的，匆匆忙忙，看似是很积极，很讲效率，但结果必然是忙中出错，快中出错，结果反而是慢。

　　"墨菲定律"还描述了这样一种现象：慌慌张张跑向电车却发现方向不对。的确，你越想赶时间，越容易耽误时间。我们在生活中难免会遇到赶时间的时候，如果太心急，就会做事慌张，方向不清，甚至会出现南辕北辙的情况，本来想快，结果却慢了。

从物理学角度看，快意味着效率；从经济学角度看，快应该带来效用。如果只有速度没有效率和效用，快将有百害而无一利。

调查发现，90%以上的交通事故源自一个"快"字，很多人想快点儿赶路，高速行驶，常常因图"快"而酿成大错，不仅没有达到快的目的，相反却慢了。更有甚者，车毁人亡，命丧黄泉。

慢并不是让我们在做事中磨时间、做事无效率，而是要有条不紊地去做。人的体能和思维有一定的限度，为了避免因快出错，甚至铸成大错，还是不要太急切吧。

经常开车的人会对这条墨菲定律体会颇深。的确，如果遇上堵车，你会发现旁边车道的车开得比自己的车道快，然后忍不住并过去了，心想变道后肯定能快些，但墨菲定律会让你事与愿违，你会发现原先车道的车速变得又比这边快了。于是你又想变回去，当你真的又变道的时候，相同的事情又发生了……到最后，你会发现，大多数时候是差不多快，甚至更慢。这还是小事，如果变道没注意后面的车，很容易引来谩骂，进而发生争执或别人故意不让硬插进来，造成事故，干脆没法走了。

其实开车和买股票一样，频繁地切换，常常不能让自己增加收益，更大的可能是会给自己带来损失。专门制造环球定位系统的汤姆公司2013年做了一项调查，结果显示，司机变道不但不会为他们节省时间，反而会令他们的通勤时间增加。这项调查指出，变道的方法最多的时候会增加他们一半的通勤时间。

所以，我们都多点儿耐心吧。

倒霉的事一件接一件

有一句俗话说："人倒霉喝凉水都塞牙。"有没有那么一段时间，你觉得自己简直就是被厄运缠身了，各种麻烦都降临到你的身上，不管走到哪儿，生活都是一团糟，心情也跌到了谷底。反复几次之后，你开始相信所谓的命运，认为自己就是被上帝随意摆弄的棋子。

在极度消极的情况下，你开始回忆发生在自己身上的一连串倒霉事：上班的路上，不小心摔伤了脚踝，没有办法正常工作，只好请假休息。

结果，那天刚好是领导想把重任交给你的日子，由于你的缺席，这项任务就转交给了其他同事。那位同事顺利地完成了任务，得到了老板的赏识，很快就升职了。

好不容易熬到出院，想回家好好放松一下，却发现家里钥匙丢了。你不得不找人开锁、换锁，又额外花了一笔钱。这样的倒霉事，让你心情很差。

第二天，心神不宁的你又弄坏了一个心爱的物件，那是你花费半个月的工资买下的，价格不菲……于是，你开始烦躁，心里咒骂道："为什么要跟我过不去，为什么让我如此倒霉？"

你以为，这样的咒骂就能赶走厄运吗？墨菲定律告诉我们：这场可怕的"游戏"才刚刚开始！一旦你遇到了麻烦，你就会再给自己添麻烦！

为什么会这样呢？你一定听过吸引力法则吧？遇到了麻烦事的人，如果将注意力放在了当前正处理的麻烦事上，他就会吸引与之频率相同的事情，比如人际矛盾、沟通障碍。这些麻烦又会替代原来的麻烦，从而引发更多的麻烦，形成恶性循环。

不可否认，这些麻烦的出现有一些巧合的因素在里面，但究其根本，还是心理失衡导致的不良心态引发的。

其实，当灾祸降临后，人的情绪容易变得烦躁，对灾祸的感受也变得更敏感，从而容易引起连锁的"情绪灾难"，甚至平时不觉得是麻烦的事情也被视为灾祸。

与其咒骂命运，哭诉自己倒霉，不如抛开那些烦恼。遇到麻烦后，客观地对待它，就事论事，找到问题的真正原因，养成分析问题、解决问题、终结问题的习惯。

另外，还要学会控制自己的情绪，心态出现偏颇的时候，要及时调整，保持冷静的状态。只有这样，才能把糟糕的根源扼杀在土壤里，阻止它四处泛滥。

潜意识可能导致的悲剧

以下这些现象在我们的生活中非常常见，信不信由你，无论你遭遇其中的某件事时是一笑了之还是听天由命，这些司空见惯的倒霉事或者难得的好运气总是影响和干扰着我们。这就是"墨菲定律"的作用。

"墨菲定律"就像一个会念魔咒的魔法师，跟我们开着各种大大小小、哭笑不得的玩笑。在墨菲定律的作用下，我们的生活可能会变得更美好，工作会变得更完善，但也可能让我们的生活变得一塌糊涂，工作上错误百出。

这些生活中的场景你一定也有过：

——每天上下班站在站台旁等车，你越是焦急地盼望，公交车越是不来；等你不耐烦上了一辆出租车，发现自己要等的公交车也已经到站。

——你需要打出租车时，发现街道上的出租车不是被别人已抢先占用，就是半天不见车的踪影；而等你不需要坐出租车时，满大街都是显示"空车"字样的出租车。

——如果有一片面包不小心掉在地毯上，一面涂有果酱，一面没涂果酱，那么一定是涂有果酱的那面着地。

——如果把一件事交给容易出错的人去做，那么他一定会出错。

——你越是担心股市下跌，那么结果往往是跌；你越是盼望它涨，它偏偏跌得越起劲。

——买彩票时，如果连续几期都没有出现大奖，最后一定会出一个千万或过亿的巨奖来。

——你的衣袋里放着一把门钥匙和一把车钥匙，当你想拿出门钥匙的时候，拿出来的往往是车钥匙。

——你越害怕出丑的场合则越出丑。比如下楼梯时跌倒，恰好被别人看到。

——旁边的同学或同事津津有味地看小说或者玩手机游戏，好几次都在老师或领导的眼皮底下过关，于是你也忍不住想开个小差，只有一次读小说或玩游戏，就被老师或领导逮个正着。

——你总是在最后寻找的那个地方找到了你遗失的东西。

——你越是认为东西不可能丢在那里，东西偏偏正是丢在了那里。

——超市连续两三天搞促销，你没有注意，当你注意到并决定第二天赶早来抢购时，商品却已恢复了原价。

——我们总是在时机不对的时候做决定或下结论。

——当你渴望成功时，成功往往来得很晚；当你讨厌失败时，失败却早早地不请自来。当你灰心丧气地放弃了一件事时，机会往往又来了。

——每一件事的完成总要比你预期的多花一些时间。

——每当你准备实施一个计划时，总有一些另外的事情不期而至，它们总是来得特别及时。

——你丢失了某样东西怎么找也找不到，当你买了新的之后，丢失的原物自动出现了。

——你在右车道上开车，总是感觉左车道的车比你的车开得更快；而当你转过弯来到左车道时，又会感觉右车道上的车开得更快。

——每次你将坏电器拿去修理部准备修理时，它往往表现得非常良好；你刚拿回家试用，它又变得不听使唤。

——如果一个系统连傻瓜都会用，那么就真的只有傻瓜才去用它。

——每个人都有一个永远没办法执行的致富计划。

——玩游戏时，你得到的最高分数、通过的最高关卡一定是你一个人玩的时候获得的。而当你骄傲地在别人面前证明你的成绩时，你怎么也达不到最高分和通过最高关卡了。

——规则很难掌握，一旦掌握了之后，规则往往又变了。

——你总是在做完某件事之后，才发现完成这件事还有更快捷的方法。

——你越是想保持发型，它越是被逆风吹得一团糟。

——每次需要撕开封闭袋或者剥坚果壳时，都会十分后悔刚刚剪掉长指甲。

——排在你前面的那个人总是会办理最复杂的手续。你去银行柜台办业务，你越是焦急万分地等待，排在你前面的那个人总是办理时间最长的。

——好男人或好女人就如同停车位，总是被别人抢先占领。

——女人永远不会忘记那个她曾经拥有的男人，而男人永远不会忘记那个他无法拥有的女人。

——如果你同时爱上两个人并且不得不从中选择一个时，你放弃的往往是不该放弃的那个。

——你对一个人说宇宙里有上千亿颗星星，他一定相信，而你说旁边的这个长椅刚刚油漆过，他一定会去摸一摸才相信。

——我们每次掉东西都是掉在不容易捡的环境里。

……

"墨菲定律"说明，越害怕发生的事情就越会发生。原因就是害怕发生，所以会非常在意，注意力越集中，就越容易犯错误。

这和人的潜意识有非常密切的关系。当人对某些事情感到痛苦时，这种痛苦就会不断传输给潜意识，而潜意识就会忠实地依照信息，在情境来临时去实现。

潜意识是什么？它为什么能掌控我们的意识？如果我们将人比喻

成一艘船，潜意识就像船长，引领船只驶向心所向往的地方。换言之，潜意识就是我们意识里的相信，这种相信使潜意识认同，而使相信变为真实。

由于我们心中一直惧怕某件事的发生，心中一直挂念着，这件我们极不愿意发生的事就会发生，所以有人往往在事后会认为自己早有预感，其实预感就是来自我们长期给予潜意识的信息。

"墨菲定律"告诉我们，事情如果有变坏的可能，不管这种可能性有多小，它总会发生，并引起最大可能的损失。所有的事都会比你预计的时间长，会出错的事总会出错。所以，我们在做事前应该尽可能想得周到、全面一些，避免不幸的事情发生，即使发生，我们也要勇敢面对，解决困难。

事情如果糟了还会更糟

早上睡过头了，以最快的速度穿戴整齐，径直朝公司奔去，可刚走到楼下，从没出过问题的鞋子竟然掉了个跟，好不容易到了办公室，却被上司骂了个狗血喷头，于是内心不禁抱怨自己真是倒了大霉了……

此时，如果你能想起"墨菲定律"，或许心情就会好些，因为它会让你明白，自己目前遇到的情况并不是最糟的。

比如上面的事情，早上只是睡过了头而不是醒来发现自己生病了，更不是一睡不起；好歹能穿戴整齐，没把衣服穿反，衣服也没被扯坏；顺利地走到了公司楼下，途中没有遇到事故只是鞋跟掉了，脚还没受伤；虽然被上司骂得挺惨，但并没有降级降薪，更没有被开除……

所以，不要遇到点儿糟的事情就抱怨，觉得自己是最倒霉的一个。没有什么事能糟到不能再糟，总有更糟的事情你没有遇到，也总有人比你更倒霉。

在美国佛罗里达州曾经发生过这样一件事情。

一个男人正在院子里修摩托车，他的妻子在厨房做饭。可是这个男人不小心将车发动了，而且还加大了油门，更倒霉的是他的手还卡在车的把手里，他就这样被摩托车拖着朝房子的玻璃撞去，最后跌坐在地板上。

妻子听到声音赶紧从厨房跑了出来，看到丈夫满脸是血地在地上坐着，立即就打电话叫了救护车。

救护车很快拉着丈夫去了医院，她留在家里收拾残局。她把摩托车推到院子里，又用纸巾把洒落在地板上的汽油擦干净，然后将这些纸巾倒进了卫生间的马桶里。

男人的伤势不算重，在医院包扎后就回家了。到家后他进卫生间方便，由于心情不好，他抽了一支烟，抽完后顺手将烟蒂从两腿之间扔进了马桶。

接着，妻子在厨房里听到了很响的爆炸声和尖叫声。她跑进卫生间，发现丈夫躺在地上呻吟，他的裤子已经成了碎片，屁股也被炸成了焦炭一样。她再次打电话叫了救护车。

医院派来的救护车仍是刚才来过的那辆。护工们一边用担架将受伤的男人抬出家，一边询问原因。当女人讲述了来龙去脉后，一个护工忍不住笑了起来。这时正好是下台阶，该护工手脚一软将伤员从担架上摔了下去，结果这个倒霉的男人又摔断了胳膊。

很多人都觉得自己是最倒霉的人，生活中，我们可以听到很多类似"我是世界上最倒霉的人""事情糟得没法再糟了""为什么我这么倒霉"等之类的话，总之，就是很郁闷、很难过、很痛苦，觉得生活真是没劲儿透了，活着没有什么意思。

其实，听完他们的叙述，你会发现他们遇到的情况并不是特别糟，比他们倒霉的人也大有人在。所以，当我们遇到糟心的事时，要调整心态，想想那些更糟的情况和更倒霉的人，这样，我们就能改变自己的心情。

侥幸心理铸成弥天大错

"墨菲定律"诞生于20世纪的美国。整个20世纪正是世界经济迅猛发展，科技不断进步，人类真正成为整个世界主宰力量的时期。在那个科技突飞猛进的时代里，处处弥漫着一浪高过一浪的乐观主义精神：

人类前所未有地取得对自然界、疾病以及其他神秘领域的探索性胜利，并将不断地扩大历经磨难才建立起来的优势；人类不但发明了飞机，而且更不可想象地飞向了太空，把足迹留在了月球；人类有能力修筑大型水电站、核电站和空间站，开始露出试图随心所欲地改造世界面貌的雄心壮志。

所有这一切似乎昭示着一切难题都可以轻松地解决。人类无论遭遇到什么样的困难和挫折，总能找到一个恰当的办法或模式轻松战胜它们。正如哲学家尼采所言，上帝已死，人类是自己命运的主人，再也不会有害怕的事情发生了。

其实不然，事实恰恰与此相反。大家都知道，花开得最茂盛的时候就开始凋谢；人的体力达到巅峰时就开始衰退；一个国家在最强大的时候就开始腐化；一个企业在最风光的时候，就开始走下坡路。

世界上所有事情好像真的离不开"盛极而衰"的宿命论，差别只在于"盛"的时间长短而已，"衰"的迹象早晚而已。

人类自然也逃不过"盛极而衰"这一关口的严峻考验，在一连串骄人战绩的强烈支配之下，不可避免地产生了盲目乐观的念头，以往那种在同自然界对抗时所倡导的谨慎精神被渐渐舍弃，以一种激进自大、豪气冲天的松懈思想取而代之。

但是，我们不应该忘记，对于亘古长存的辽阔宇宙而言，人类的智慧还是显得多少有些幼稚和肤浅的。世界依然无比庞大复杂，神秘领域还是那么高深莫测，人类永远也不能彻底地了解并征服宇宙的万事万物。

科学技术的风险是固有的，我们必须认识到这一点。技术安全的最大敌人是自满和侥幸。就像一个玩俄罗斯轮盘赌的人，如果每一次幸运成功使你更加确信你肯定不会死，那一定是自欺欺人，你终究会为此付出惨重的代价。

更要命的是，人类有一个不可避免的人性弱点，那就是一旦产生盲目乐观情绪就会犯下错误，更不可理喻的是还会永远犯下这样或那样的错误。

正是由于这个原因，世界上才会出现或大或小的灾难事故，而且灾难不断发生。当然，在灾难事故发生过后，人们会及时有效地吸取经验教训，可还会有类似的悲剧上演，这也恰好很有力地印证了"墨菲定律"所揭示的道理，失败总会发生，无论如何小心试图避免，可还会不断地发生。

1986年4月26日，苏联切尔诺贝利核电站发生核泄漏事故，当时苏联政府发表的事故调查原因是"操作员违反了规则"。

喷气式客机，即德·哈维兰公司彗星式飞机最初问世时名噪一时，于20世纪的1952年开始运行，仅仅过了短暂的两年光景，就有两架在飞行途中相继发生空中大爆炸事故。

事故的原因在于当时尚未知晓的金属疲劳原理：在高空，机体内外压力之差非常大，飞机的机体所承受的负荷是无法与在地面上相比的。德哈维兰公司考虑到了这个压力差，也做过了疲劳试验，并判断为"没有问题"。

可是，因为试验人员的操作失误，在试验过程中穿插了耐压试验，机体受压后抑制了龟裂的发生，所以得出了相当于实际寿命10倍以上的错误评估，最终导致这两场空难的发生。

在近半个世纪内，"墨菲定律"自从出现以来就像一个无处不在的幽灵一样，搅得全世界的人们心神不宁，它时刻提醒人们：我们解决问题的手段越高明，将要面临的麻烦就越严重。各种事故照样还会不停地发生，而且永远都会发生。

我们必须正视的现实是，一些新的技术出现以后，许多人不是想到用它们来为人类谋福利，而是首先想到它们的邪恶用途。同时，还有很多新技术本身就是在不道德的意图驱使下出现的。

伟大的科学家爱因斯坦在发明了相对论后，曾渴望它能给人类的进步带来更多的福音，可是未曾想到，人类将之用在了研究核武器上，并最终导致了近乎毁灭性的战争，让更多渴望和平的人们失去了家园和生命。他在生命的最后日子里，每每想起这种境况，总会流下眼泪，那眼泪既代表他内心的痛苦，也代表了他对人类此种恶劣行径的绝望。

"墨菲定律"在对事物进行客观而冷静的言说时，也对人类提出了极为有利的忠告：

> 人类面对自身的人性缺陷，最好能事先想得更周到一些，更全面一些，在前进过程中，采取多种高系数的保险措施，以防止偶然发生的人为失误导致巨大的灾难和财产损失。切不可"自毁长城"，要小心做出每一件事情的决策，要小心考虑每一个问题所代表的意义，要小心观察所处环境的变化，千万不能让自己站在过去辉煌成就之上而为所欲为。

2000年造成309人丧生的洛阳"12·25"特大火灾事故，东都商厦歌舞厅的经营者在赚钱的同时如果稍稍考虑一下安全问题，不用铁栅栏将楼梯封住，悲剧就不会发生，至少也不会那样严重。

侥幸心理在日常生活中普遍存在，那些车祸、火灾、矿难的遇难者，只有在灾难突然降临时才发现死神原来就近在咫尺；那些受利益驱动而重生产轻安全的地方政府负责人和企业经营者，总是自我安慰说："哪有那么凑巧"，结果常常是到了铁窗里甚至枪口之下才不得不承认"果真这么凑巧"。

历史已经证明，在所发生的事故案例中，人为因素约占80%以上。安全事故的受害者往往同时就是肇事者。面对那些惨不忍睹的遗体和法庭宣判之后的绝望的面孔，人们的心情是异常复杂的，常常是"哀其不幸，怒其不争"。

当然，并不是不鼓励人类去拥有积极乐观的心态，而是不主张那种碰运气或骄傲自满式的盲目乐观，它就像"守株待兔"一样，也许能"瞎猫逮住了死耗子"，但那只是暂时的，犹如昙花一现，接踵而来的是苦涩的失败滋味。

归根到底，"错误"与芸芸众生一样，都是这个世界必不可少的组成部分，它们构成了一个不可分割的有机整体，时时体现出世界的复杂性与神秘性；一个人以什么样的姿态去面对已经出现的失败，决定了他得到的多少以及进步和成长幅度的大小。也就是说，如能很好地跟失败相处，就能有成功的大好时机。

作为具有灵性的人类，我们要认清盲目乐观、狂妄自大以及侥幸心理只会接连导致苦果，为了避免坏事情的高频率发生，更为了让墨菲定律为我所用，要学会如何真正汲取经验教训，以一种谨慎而敬畏的态度去面对这个世界。

第二章
墨菲定律的生成土壤

　　"墨菲定律"之所以能够风靡世界，是有其深层的社会根源和主、客观原因的。在20世纪的美国，由于高新技术的发展，处处弥漫着乐观主义思潮，似乎人类不仅可以改造自然，还可以征服自然。

　　这种夜郎自大的思想再加上人类自身的弱点，如自我膨胀、急于求成、讳疾忌医，以及生成环境的限制、社会体制的差异、事情本身的难度等原因，为"墨菲定律"的生成创造了适宜的土壤，使其顺势而长，树茂叶盛。

墨菲定律生成的自身因素

  人不仅是一种理智的存在，而且还有丰富而复杂的心理活动。健康的、积极的心理是人们打开成功之门的必要条件，而非健康的、消极的心理则会使人掉进失败的陷阱。

  人世间的许多失败，大多是由于人自身造成的；同样的一件事情，让不同的人去做会产生差异很大的效果，其原因在于人自身的能力和才智不同。分析认为，生活中使"墨菲定律"得到灵验的主观因素主要有以下八个方面：

自我膨胀

  世界上最难认知的就是自我，自我之谜是认识领域内的司芬克斯之谜。人能够了解植物、动物和他人，却很了解自我；人可以无情地批判他人，揭他人之短，却不太情愿批判自我，揭自己的丑，除非受到外力或理智的强制执行。

  很多时候，人们会产生自我评价过高的现象，其主要表现为过高地估计自己的能力，过分地夸大自己的优点、长处和成绩，过高地评价自己在社会或工作中的地位和作用。

  一味过高地估计自己的能力，往往是在某一或某些方面有较强能力的人易犯的毛病。在过去的现实活动中，由于自己在某一或某些方面表现出了较强的工作能力，得到了他人的赞美，便因此而觉得自己样样精通，看不到自己能力上还存在缺陷，还依然需要努力。

此种自我评价过高容易产生自我膨胀效应，也是一种极端骄傲的情绪。这种人唯我独尊，不懂得山外有山、楼外有楼。

于是，盲目地自我陶醉、孤芳自赏，满足于一得之功、一孔之见、一技之长，躺在已有的功劳簿上安然地睡大觉，不思进取，不能取人之长补己之短。久而久之，这些人由于内部的骄傲之气与日俱增，最终必然会遭遇到失败的打击。

能力不足

每个人的能力有高低、优劣之分。有的人记忆力惊人，过目不忘；有的人则记忆力较差，常常丢三落四，骑马找马；有的人能统率千军万马，运筹帷幄，决胜千里；有的人连几个部下也领导不好，甚至自己一个人都管不好。

这些都说明，不同的人其能力是有差异的，甚至有着很大的差距。有的人由于能力低下力不从心，有时不得不勉为其难地从事自己也毫无信心做好的工作，有时则为了掩饰自己的低能和无能，还故意假冒内行或能手，其结果必然是把事情办得一团糟，甚至是败得一塌糊涂。

在同一个人的能力结构中，各种能力往往不是平分秋色，而是有优势与劣势之分的。只有根据不同人的能力的特点，用其所长，避其所短，才能做到合理使用人才，实现人尽其才；只有将具有不同优势和劣势的能人进行优化组合，才能产生互补效应。也只有清醒地认识到自己能力上的优势和劣势，才能设计出有望成功的奋斗目标。

急于求成

做工作渴望急于求成是一种急性子的表现，具有这种性格的人，表现在心理方面就是急躁，缺乏应有的耐心，渴望立竿见影。表现在行为方面就是办事节奏快，有时难免会有些马虎、草率。这种性格的人喜欢速战速决，不喜欢慢慢吞吞，五分钟热血，激情来得快去得也快，常常会对别人发脾气。

急性子的人适合从事要求速度快但不要求特别精细的事情。做这种事情，他可以很快地完成任务，但他没有耐心去做那些要求特别精细的事情，勉强去做时也会很不耐烦，易发脾气，或中途洗手不干，或随随便便地对付一下。

罗马不是一天建成的，希望尽快获得成功，人心皆同。但是，性急者则幻想一步就跨到目的地上去，急于求成，其结果往往是欲速则不达。一切成功都需要有客观条件的成熟与主观条件的成熟相对称才行。换言之，需要同时具有成熟的客观条件与成熟的主观条件才能取得成功。

如果缺乏了上述基础，就会脱离实际，导致盲目追求高目标、高速度。在急于求成的心理驱动下，脱离现实的客观情况和主观条件，设定一个在目前条件下不可能达到的高目标，并想以强制的办法高速度地向这个目标迈进，其结果必然导致失败。

南辕北辙

它指一种方向性的错误，指本来应该向南行却向北行，比喻为背道而驰，主观与客观相反，向着与客观实际相反的方向行动，这是主观唯心主义的一种表现形式。

犯方向性错误，对于犯错误者来说往往不是自觉的，不知方向有误，一般还会继续朝着错误的方向前进。正因为绝大多数犯方向性错误的人处于未能觉察的状态，他们自以为是地朝着正确的方向前进，所以其危险性更大，危害性更大。

俗话说，一个能保持正确方向的瘸子总能把走错了路而又善于奔跑的人赶超过去。如果一个人走错了方向，那么越是跑得快，离目标就会越远。健步如飞而迷失方向的人比瘸脚的迷路者会错得更远，失败得更为惨烈。

守株待兔

出自《韩非子·五蠹》的"守株待兔"寓言故事，道出了狭隘经验型思维方式及其危害。经验思维定式和习惯性的经验操作程序在一定范围内是有效的，它们可以加速思维活动的完成，缩短思维过程，提高思维效率，但它们具有一定的不可靠性。

特别是在处理表面上类似于过去的经验，实际上却比过去的经验要复杂得多、有根本的不同点的新信息时，它们的可靠性就更低。这就需要运用理论型思维方式来弥补它们的这种局限性，这样既可尊重经验，又不迷信经验，不把经验凝固化、绝对化，既重视理论的作用，又不忽视经验的功能。

在人类的科学史上，有些科学家因为局限于狭隘的经验型思维方式，也曾造成了科学发现过程的失败。克鲁克斯、古兹皮德、詹宁斯、勒纳德等科学家在伦琴发现X射线之前，都差不多已经走到了这一重大发现的边缘，但是他们却由于局限于过去的经验里，不能正确地理解和阐述他们自己所做实验中出现的新现象的意义，以至于接二连三地错过了发现X射线的大好良机。

正如恩格斯所说："在物理学史上，当电学处于支离破碎的状态时，片面的经验在这一领域中占有优势。这种经验竭力要自己禁绝思维，正因为如此，它不仅是错误地思维着，而且也不能忠实地跟着事实走或者只是忠实地叙述事实，结果就变成和实际经验相反的东西了。"

"守株待兔"的人会在不知不觉中消耗自己的青春，无法把自己的潜能在环境中最大限度地发挥出来，这种人十有八九是注定要失败的。

水中捞月

此语是指主观脱离客观实际，对客观实际做了颠倒的、虚假的认识，去做客观上不可能实现的事情，做无用功，这是主观唯心主义的另一种表现形式。人的认识如果未能把颠倒了的东西再颠倒过来，未能通过虚假透视把握其本来的真实面目，就会形成对客观实际的颠倒的、虚假的认识。于是，以想象中的"真实"代替了客观的真实，以假乱真。

水中捞月者把行动和希望构筑在虚假的认识之上，因而其内心希望最终必定化为泡影，其行动必然流于徒劳。希望在水中捞月者，希望越强烈，失望就越多、越严重。在水中捞月，行动越卖力，费力越大，耗时越久，醒悟越迟，失败及其造成的损失也就越严重。

刻舟求剑

它意味着一种教条主义、刻板的思维方式。这种思维方式获取信息的渠道是"本本""文件"，在加工方式上是用孤立、静止不变的思想观念去机械地加工所获得的信息；在信息输出方面，把形而上学的结论机械地套用到其他事情上去。

从根本上来说，教条、刻板的思维方式的形成，是由于缺乏辩证发展的观点。按照辩证发展的观点，一切事物都是在运动和变化的，是绝对运动与相对静止的辩证统一，世界是永恒发展的，发展是由小到大、由简到繁、由低级到高级、由旧质到新质的运动变化过程。

由此，必然得出这样的结论：一切僵硬的东西溶化了，一切固定的东西消解了，一切被当作永久存在的特殊东西变成转瞬即逝的东西，整个自然界被证明是在永恒的流动和循环中运动着。

缺乏辩证发展的观点，就会把相对静止绝对化，把事物看作静止不变、孤立、僵硬、固定、永久存在的东西，从而形成教条、刻板的思维方式。

三国时的马谡就是典型的教条主义者，他熟读兵书，是诸葛亮的爱将，他的很多建议都被一一采纳，受到诸葛亮的赏识。但是他在守卫街亭时采用教条主义思维方式，不了解街亭的地理环境，把军队驻扎在山顶，想用"势如破竹"冲下山去击退敌人。但不曾想，对方主帅司马懿把山团团围住，断其粮草和水源，采用火攻打败了他，夺取了街亭。

教条、刻板的思维方式，容易使人思想僵化。思想僵化，就会缺乏开拓进取的精神，不能根据新情况、新问题制订符合实际的新计划，思想和行为均落后于变化了的实际，在现实生活中必然处处碰壁。

讳疾忌医

讳疾忌医者，一方面固执地将自己的错误隐瞒起来，极力地不让人知道；另一方面当别人批评和指出自己的错误时，又矢口否认，全然不当回事儿。

固执地隐瞒自己的毛病，只能招致最后的失败，甚至可能加速死亡。比如，隐瞒疾病，可能由小病演变成大病，以至到不治之症的地步，也就没有获救的希望了。

　　隐瞒错误，则不仅可能危及生理生命，而且可能危及事业生命、政治生命。固执地隐瞒错误，就会使小错误变成大错误、简单的错误变成复杂的错误、轻微的错误变成严重错误、非传染性的错误变成传染性的错误，最终发展到不可收拾的地步。

　　牛顿是一位伟大的科学家，在物理学、热力学、数学、天文学等方面都做出了巨大贡献，在光学方面也取得了卓越的成就，但他在光学研究中也曾因为拒绝他人的批评而遭受过失败。

　　牛顿设想，如果不同的物质有不同的折射率，那么，水和玻璃的组合，肯定会使折射发生某些变化。这种设想本来是正确的，但是，牛顿所选用的那种玻璃恰好与水有相向的折射率，所以尽管他多次重复这一实验，还是没有发现折射角有什么变化。

　　于是，他从这一有限的特殊实验事实得出了一个普遍性的结论：所有水间的透明物质都是以相同的方式折射出不同颜色的光线，又由于折射必然引起色散，所以，望远镜的色差问题是无法解决的。牛顿对此深信不疑。

　　当时，有一位对光学很感兴趣的人，名叫卢卡斯，他用另一种玻璃重复了牛顿的上述实验，得出了与牛顿不同的实验结果。卢卡斯十分惊奇，并将自己的实验结果告诉了牛顿。但是，牛顿特别固执地坚持自己的看法，他始终认为自己多次重复的实验不会错，也不可能有错，因而不接受卢卡斯的意见，也不再做进一步的实验。

　　牛顿死后，人们才再次证明他对这一实验结果的解释是错误的。由于讳疾忌医，牛顿失去了改正这次错误的机会，从而失去了做出色散可变性这一重大发现的机会。

墨菲定律生成的外在原因

人能够有意识、有目的、有计划、创造性地认识世界并改造世界，演出一幕又一幕威武雄壮、丰富多彩又惊心动魄的戏剧。但是，人又不是万能的，对世界的认识和改造及其成果，总是要不同程度地受到其所处的生存环境、所从事的活动及其所需要的工具和所遇到的竞争对手等外在因素的制约。分析制约"墨菲定律"生成的客观因素，主要有以下几个方面：

生存环境的限制

社会是由复杂的社会关系网所覆盖的，复杂的社会关系与不良的社会风气相交织，妨碍人们改造社会的部分目的的实现。人是一切社会关系的总和，个人之间、团体之间、国家之间以及它们内部之间的矛盾交叉关系，纵横交错，形成极其复杂的社会关系网。

每一个人和团体都是这张巨网上的一个结，其活动目的的实现都必然接受这种社会关系网强有力的制约。要成功地处理种种复杂的社会关系，已经不是一件容易的事情，如果在这复杂的社会关系中再渗透进不良的社会风气，就会使人们改造社会的活动更为困难。

不可忽视的是，来自家庭的负担主要不是物质上的贫穷，而是精神上的枷锁。比如，缺乏感情的夫妻生活，一方给予另一方以精神上的奴役和摧残，因为其中一方的自私自利和固执而爆发"离婚大战"；由于婆媳关系处理不好，做丈夫的"两头受气"，在"夹缝"中求生存，这些都会成为沉重的精神负担，使人疲于应付家庭矛盾的处理，无暇顾及事业，或不得不拿出许多时间去摆脱家庭的拖累和烦恼，从而直接或间接地造成在事业上、工作上的失败。

事情本身的难度

失败同人们所从事的事情的难易程度息息相关，事情的难度越大，失败的可能性和次数也就会相对增加。大家都有这样一个心理，对于那些难度系数较大的工作，不愿意轻易插手，怕的就是经过了一番努力，也无法取得令人满意的效果。

特别是人们对事情的变化要有一个适应过程，要经历由不适应到适应的过程。正因为如此，一种新生事物在刚开始出现时，通常只有少数人才能适应、接受它，而这少数推崇新生事物的人在其活动过程中，不得不忍受暂时的失败痛苦。

新生事物的成长是一个充满艰难和困苦的过程，它既要经受敌对方的故意扼杀与挑战，又要遭到善良的人们不理解、不支持的考验。加之，新生事物在刚开始出现时总是很稚嫩的、不成熟的，所以暂时的失败是难免的。

人们所从事的工作本身存在着各种困难，特别是探索性活动的风险将更大，给人们认识和改造世界带来了一定的阻力，其间会出现某些失败，这是难以完全消除的。

所用工具的缺陷

工具在认识世界和改造世界中的作用，随着认识领域和实践领域的拓展而显得越来越重要。在当今科技高速发展的新形势下，人的认识已经深入到宏观和微观领域，要在更深更广的物质层次上揭示自然界的本来面目及其发展规律，工具、仪器的重要作用正在日益突显。

有软件工具而无硬件工具，或有硬件工具而无软件工具，都不可能成功地达到认识和改造世界的目的。缺乏必要的物质性的硬件工具，就无法实现对事物的物质性改造，因为物质的东西必须用物质的手段才能加以改造。

要改造月球、火星，没有必要的、先进的航天工具，就只能流于"嫦娥奔月"的幻想。要改变基本粒子的形态，没有必要的、先进的电子对撞机等机器设备，就只能望洋兴叹。缺乏必要的精神性的软件工具，同样会导致失败。

在现代社会中，不大力发展科学技术，不占领科技前沿阵地和制高点，不用现代先进的生产工具装备国民经济的主要行业和部门，就无法在国际经济大循环中立于不败之地，就会被竞争对手所打败。

竞争对手的强大

有些失败，并非自我方面的失误所致，也不是因为能力不足所致，而是因为遇到了强大的竞争对手。如果不是遇到了比自己更强大的竞争对手，胜败的结局则会是另外一种情形。难怪周瑜会发出"既生瑜，何生亮"的哀叹。如果不遇上诸葛亮这个强大的竞争对手，周瑜个人的历史也许会被重新书写。

优者胜，劣者败。以弱对强，弱者的失败是必然的。在军事上，因敌强我弱、敌众我寡而失败，讲的就是对手的强大造成了我方的失败。在战场上有这种情形，在商场、情场上也不乏其例。

因竞争对手的强大而失败，是在竞争活动中出现的一种情形，它不是失败的唯一原因，但确是失败的原因之一。忽视这种原因，对失败者一味地埋怨、责备，这是不公平的。

尤其是那些看体育大赛的体育迷们，当我方运动员因遇上强大的竞争对手而丢掉了冠军时，摔酒瓶子，痛骂或责怪运动员，或找裁判员算账，或烧汽车、打对方运动员，这些都是一种不理智的行为。

即便不是遇上强大的竞争对手，失败也是难以完全避免的，失败是竞争之常事，谁不曾失败过呢？己所不欲，何必强加于人呢？

失败的谬误归因

对失败的归因认识，有正确与谬误之分。简言之，对失败的原因做出不合实际的解释，就是对失败的谬误归因。

在分析自己失败的原因时，需要从主观和客观两个基本方面入手，做出合乎实际的结论，以便改变或挽回失败的局面。但是，如果一味地怨天尤人，仅仅从客观方面而不从主观方面去寻找失败的原因，则对自己有百害而无一利。

就失败的主观原因与客观原因两方面而言，其中更为重要的是对主观原因的认识。有些失败也许与他人的干扰有关，但是，真正打败自己的并不是别人，而是自己。被人打倒了，还可以再站起来，被自己打倒了，要站起来是非常困难的。

另外，还要认清失败的结果是一种客观存在的事实，失败的原因也是一种客观存在的事实，通过实事求是的分析研究，揭示这两种事实之间内在的固有联系，不但是对尚未终结或有可能挽回的失败采取切实可行的补救措施的现实需要，而且是总结经验教训，从而避免重蹈覆辙、少走弯路的理论前提。

墨菲定律中的失败类型

　　如果说，对于某件事情而言，成功的道路只有一条，则失败的道路可能有千万条。要认识失败，除了要弄清失败的诸多原因外，还应该明白失败有哪些类型。不同类型的失败有其不同的特征，也就有相应的不同超越方法。

　　在科学研究中，分类学也许是最难的一门学科，因为事物的种类是无限的，事物之间的界限既是确定的又是模糊的，既有非此即彼，又有亦此亦彼。因此，人们可以根据需要和事物本身的特征，对事物做相对的归类，但毫无遗漏与交叉的分类是很难做到的。

　　由此说来，对失败类型的探讨同样存在分类学所面临的困难。亚里士多德也曾指出这一点，他说："失败可能有多种方式，反之，成功只能有一种方式。"依据"墨菲定律"，对失败的类型，从本质上划分，可以有以下五类：

必然性失败与偶然性失败

　　必然性失败中有偶然性失败的因素，通过大量的偶然性失败表现出来，并以偶然事件得以完成。失民心者必将失天下，这是一种必然性失败。偶然性失败的背后隐藏着必然性失败的因素。偶然性的失败总是受某种必然性的支配，偶然性失败的原因与结果之间总有某种必然性、规律性的联系。

　　拿破仑在滑铁卢战役中的失败就体现了偶然性失败与必然性失败的联系。1815年6月的一天，滑铁卢战役打响了。拿破仑率领7万多人与威灵顿率领的6万多人进行生死决战。

战场上的实力法军占优势，战斗开始后的一段时间，法军一直掌握着主动权。后来英军的援军及时赶到，而法军的援军却未能赶到战场，结果拿破仑在滑铁卢遭到了彻底失败。

拿破仑这次失败是偶然的，是由于英军援军赶到后使战争双方力量对比发生了根本性的变化。如果法军援军能够及时赶到，或者英军援军也没有赶到现场，则滑铁卢战役的历史及拿破仑的传记也许就要重新书写。

但是，这种偶然性失败的背后实际上有其必然性：拿破仑有无限扩张权力的野心，要成为整个世界的统治者，称霸世界的企图是必然会失败的；其二，法国所进行的是非正义战争，势必会失去民心，也必然会以失败而告终。这两点决定了拿破仑失败的必然性。

必然性失败与偶然性失败在一定条件下会相互转化。如果对造成必然性失败的原因有深刻的认识，在一定程度上改变这种原因，就可以使之转化成偶然性失败。

严重失败与轻微失败

严重失败与轻微失败也是可以转变的。正确地审视严重失败，可以使之转成轻微失败，直至被消除；错误地对对待轻微失败，则可能使其变成严重失败。任凭轻微失败自然化，它就会逐渐演变为严重失败；任凭严重失败自然化，它就会演变成不可收拾的结局。

对严重失败和轻微失败必须予以正确地对待，才能避免发生质的转变。忽视轻微失败的存在与潜在危险性，不去积极地消除它，而将轻微失败引以为"骄傲的资本"，则必定使之演化为严重失败。

因此，对于那些轻微失败的迹象要从细节上抓起，把大问题分解成一个一个的小问题，从解决这些小问题入手，下扎实的功夫，分而化之，严重失败也就会逐渐向轻微失败转变。

合理性失败与不合理性失败

合理性失败，是在特定的环境和情形中不可避免地要发生的失败，是符合常理的失败；不合理性失败，是在特定的环境和情形中本来可以避免的失败，是不合常理的失败。

允许人们有合理性失败，也就是鼓励人们去大胆地进行理论创新、技术创新和实践创新。中国有句古话："成者为王，败者为寇"，也就是以成败论英雄。

在现实生活中，人们往往不分青红皂白地贬低、斥责失败者。区分合理性失败与不合理性失败，有助于改变那种以成败论英雄的传统观念和偏见，从而给那些因敢于创新而失败的人们以应有的鼓励、保护和理解，消除创新者的心理障碍，使他们能够保有创业的激情。

局部失败与全局失败

如果局部失败未受到应有的重视而悄悄扩大；如果只是孤立、静止地看待局部失败，就会觉得它微不足道，不屑一顾，因而不加以注意，其结果就会产生"蝴蝶效应"，使局部失败扩大为全局失败。"千里之堤，溃于蚁穴"说的就是这个道理。

所以，对于局部失败不加以或未能给予足够的重视，粗心大意，则会大意失荆州。不注意及时消除局部失败的隐患，它就会悄悄地扩散，乃至引发全局的失败时，已经悔之晚矣。

全局失败往往给人们的自信心以严重的打击，甚至使其自信心几乎丧失。没有足够的自信，要克服全局失败，是不可想象的。因此，要化解全局失败，首先要尽快恢复自信，而要恢复自信，就要以宽阔的胸怀去包容全局失败。

全局失败发生时，人们往往只看到自己所存在的缺点和短处，只看到阴暗的一面，因而心理负荷特别沉重，从而失去自信。要改变这种状况，便应多看到自己的优点，肯定自己的成绩，相信自己能从全局失败中尽快地摆脱出来。

决策失败与实施失败

决策失败，是指对比较重大的事情未能及时做出正确的决定，未能制定正确的策略、规划和切实可行的方法。

比较重大的事情，对于一个国家来说，主要是基本国策、路线、方针、政策，以及其他关系到国计民生的一些重大事情；对于一家企业来说，有经营方针、生产项目和产品、销售战略、质量管理，以及其他关系到企业生存和发展的重大决策；对于个人来说，主要是关系到个人的事业、工作等对个人前途有较大影响的事情。

对于这些重大事情没有做出正确的决策，或者没有及时地做出正确的决定，所制定的策略和规划有误或不严谨，有重大失误，制定的办法又不具有可行性，都会导致决策失败。

未能自觉而准确地理解决策，只是一味地盲从，必然会糊里糊涂地执行决策。对决策的理解不准确，发生了极大的误解，则会误将错误的做法当作正确的去执行，把正确的做法认作是错误的给予抛弃，也可能自作主张，随意地改变正确的决策，却还自以为是，都会引发实施失败。

导致失败的错误观念

社会是残酷的，成功者永远秉承着"适者生存"的原则。成功的光环往往笼罩在那些顽强拼搏、不屈不挠的人身上，而有些人在羡慕他们的同时却在暗自叹息。事实上，成功在我们一次次的叹息中悄悄溜走。

从古到今，纵览世界，那些成功的人哪个不是经历千万次的失败，付出辛勤的汗水才有所成就的。

在失败面前，大概有两种人：一种人是在失败时从不知反省自己的过错，总是一腔热血，一直往前，这种人有勇无谋，做事还会事倍功半；另一种人，在遭受挫折时，可以吸取经验教训，积极改变策略，在时机与实力成熟时再度出击，他们凭借自己的勇气和智慧取得了成功。

由此可知，智慧对于成功者来说至关重要。

所谓智慧，就是善于从失败中总结经验。因此在某种意义上可以说，超越失败则必然通向成功的彼岸。

向往成功的人们，一定做过很多相似的梦，在梦中，我们被鲜花和掌声包围着，成功的喜悦在脸上绽开了美丽的花朵……然而长时间以来，那个梦都没有实现。尽管你也是一个志向远大、顽强拼搏、不屈不挠的强者，为何成功总是离你那么遥远？你一定为此感到疑惑，也使他人感到奇怪。

实际上原因非常简单，你一直按照自己的主观意识做事，而有些事并不是像你主观意识想的那样。

失败未必是成功之母

难道我们命中注定失败吗？其实不然，症结在于只注意了"失败是成功之母"的表面意义，而没有深入思考"失败"的内在含意。

失败虽然是成功之母，但是二者之间绝对不存在必然的关系。还有，为什么失败一个接一个地出现，而胜利却从来没有光顾呢？这时，也许有人已经脱口而出："因为他从来没有分析总结失败的经验教训。"

你一定不会否认他的说法，但还是不清楚这和你的失败有什么关系。其实诸多失败的本质是一样的，都是没有认真地分析自己失败的原因，没能从中吸取宝贵的经验。只要能认真地从失败中找寻经验，那么失败才真正是成功之母。

拿破仑·希尔根据自己的经验为那些经常失败的人总结出了一个成功的办法：仔细地对待每一次失败，找出自己失败的根源，在下次的奋斗中引以为戒。千万不要取得一点儿小小的成功就忘记总结经验，长此以往，连一点儿小成功也会离你而去。

优秀者未必能成功

你也许是大家公认的好学生，自己对未来也充满信心，但是却屡遭失败，你开始想知道究竟问题出在哪里？

努力拼搏而取得成功的人一定是卓越的人，而被认为优秀的人却未必能取得成功。假如你确实是一个优秀者，但至今仍未取得成功，原因可能有以下几个：

第一，你要明白，现在的失败只是暂时的，只要有恒心，不久就会取得成功。是金子，无论到哪儿，都会发光的。

　　第二，你可能没有根据自身的能力设定切实可行的目标。每个人的能力都是有限的，即使是优秀的人也只是某一方面的天才，这就要求我们正确地认识自己，找出自己的长处和短处。选择一个自己最感兴趣、最有望成功的领域作为奋斗的目标，然后就是付出自己的实际行动。

　　第三，你可能没有与合作伙伴搞好关系。团结就是力量，个人的能力和才智毕竟是有限的，在竞争激烈的今天，单凭个人的努力就取得成功是很困难的。

　　如果你是一个高傲自满的失败者，如果你还希望成功的话，那么就赶快收起你那高贵的自尊，与人合作才是成功最好的办法。

　　第四，也许你的眼光还不独到、老练，没办法发现和创造机会。

　　成功是由能力、拼搏、机遇组合而成的，三者都不可缺，被动等待的人，机会是永远不会光顾他的。卡耐基曾说："机会是人创造的，任何人都有机会。善于创造机会的人才更容易成功。"

　　如果你坚信凭借自己的才能可以取得成功，那么就不要轻易放弃，不要被一点点挫折打败。反省一下，自己的目标是否切合实际，是否已经付出了最大努力，是不是善于与他人合作，是不是善于创造机会并且不会错过机会？这些方面中若有不足，请尽快纠正过来，成功就离你非常近了。

不重视宣传较难成功

　　一位美国记者在强调宣传的作用时说："如果有足够的经费，我能使一块砖头被选为州长。"虽然，这明显地带有夸张成分，但是却让我们见识到了广告的作用。下面我们看一看宣传是怎样救活一个品牌，并且让它成为世界知名品牌的。

　　1924年，在美国问世的万宝路宣传为女士香烟，面对节节上升的吸烟人数却没有乐观的销售量，尽管公司做了许多努力，但效果却非常不明显。到20世纪40年代初，菲利浦公司被迫停止生产万宝路牌香烟。

　　二战结束后，过滤嘴香烟开始问世，美国的吸烟人数大幅度增加。菲利浦公司不愿放弃这个有巨大潜力的市场，便把万宝路香烟重新投入市场，然而情形依旧，甚至知道这个牌子的人也极为有限。

　　菲利浦公司的领导人莫里斯没有办法，只好去请教著名的利奥·伯内特广告公司的老总伯内特先生。经过伯内特和公司总经理乔·卡尔曼的研究和努力，一个思路新颖的广告产生了。

　　他们决定不再以妇女为对象，而是把体格强健的男士作为主要市场。在万宝路的广告中，尤其强调男子汉的气概。在广告中充当主角的美国牛仔目光深邃，体格健壮，浑身散发着粗犷、豪放的英勇气概，手指中夹着一根徐徐冒烟的万宝路香烟。

　　这个广告自1954年问世后，在短短的一年内让万宝路的销售量上升了4倍，让它从一个鲜为人知的牌子，一跃成为美国的名牌。

　　万宝路香烟在牛仔广告的宣传下，慢慢占据了美国的主要市场，到1968年底市场份额已达到13%，仅次于KJP烟草公司的威斯顿牌香烟。

　　1971年，美国政府禁播了香烟广告，这使菲利浦公司有机会将高昂的广告费转向价格相对便宜且很有效果的报纸、杂志和路牌广告，从而再次赢得大量消费者。不久，万宝路香烟终于取代威斯顿成为美国最畅销的香烟。到今天，万宝路已经是一个家喻户晓的牌子。

　　用百万美元广告树立起来的万宝路牛仔形象，不仅使一家濒临倒闭的小厂成为该行业的巨头，也给它带来每年30多亿美元的利润，并且据美国《广告市场周刊》的估计，仅万宝路这个牌子目前至少可以卖300多亿美元。

奸猾未必可以成功

从小就精明、善于算计的人在长大从商后，却未能利用自己的精明走上成功。精于算计让这类人失去了许多合作伙伴，每个人并不像他们想象的那么傻，坦诚才是成功的首要条件。在现代社会，人一旦失去了信誉，就失去了一切成功的机会。

成功者一般都以诚待人，因为他们也希望得到别人的真诚。如果他们对别人虚伪，那必定会自食其果。这样做会给他们的精神和名声上带来双重打击，而且他们也不会获得永久的成功。

美国约翰逊联营公司是一家信誉很好的制药公司。可是20世纪80年代初，它遭受了重大的变故，几乎倒闭。该公司的带头产品泰米诺尔胶丸被用作了杀人工具，其手段非常简单，就是把泰米诺胶囊中的对乙酰氨基酚换成氰化物，这样就变成了能致人死亡的毒药，然后再放回药店的货架上，事故造成了7人死亡。

尽管药品原来的配方没有问题，但是这给人们带来了恐慌，约翰逊公司的信誉降到最低点，并且影响到公司的其他产品。

公司总裁吉姆·伯克决定，将市场上的剩余药品收回，并且对公众表示最大的歉意，只有这么做才可能挽回公司的形象。他亲自站在镜头前面对愤怒的公众，他说："我们要让公众了解，我们和他们一样都是受害者。"

在中毒事件发生后，电视网用了很长时间播报此事。吉姆·伯克现场发表自己的看法和回答有关的问题，他的谦虚和诚恳以及对中毒者诚挚的关心让他赢回了很多信任，减少了公众对他的指责。

吉姆·伯克讲话的核心是用诚心寻求谅解。他的讲话非常浅显，但令人感动。使伯克意料不到的是，他的诚恳不但保住了泰米诺尔这个牌子，而且挽回了约翰公司坦诚、公正的形象。截止到1985年元月，泰米诺尔胶丸的销售量比以前增长了500%。

读了这个故事，你的感受颇多吧？倘若你精于算计，爱耍小聪明，并且你的虚伪导致了失败，你就应该从现在开始踏踏实实地坦诚做人。首先用你的真心来换取别人的信任，你将会逐渐树立起为你带来巨大财富的信誉。

如果你是一个具有诚实美德的人，那么诚实将是你的一笔巨大财富。总之，奸诈肯定是失败的原因之一。

导致失败的错误行为

"墨菲定律"认为，如果一件事有出问题的可能，无论这种可能多小，它一定会发生。它提醒我们，无论做任何事情，都不要存在侥幸心理，一旦存在侥幸心理，思想上就会产生麻痹，很容易产生失误，最终必然会导致失败。

事实上，"墨菲定律"之所以大行其道，是与我们人性的弱点密切相关的。由于这些弱点在不知不觉中影响了我们的行为，从而导致了这个定律的屡试不爽。下面就是会导致失败的种种错误行为。

不具备基本的职业操守

职业操守是指员工在职业活动中必须遵从的最低道德底线和行

业规范。它具有"基础性""制约性"的特点，每一个员工都必须遵守。现在有些行业的职业操守集体败坏，成为一种行业现象，成为或明或暗的行业运作规则。

1. 严重丧失职业道德。例如：有的职员出卖公司机密，有的医生收受患者红包，有的财务工作者做假账，有的法官收受贿赂，有的记者敲诈钱财，等等，这些都是没有职业操守的表现。这样的人，即使能力出众、才华横溢也会受到人们的唾弃和法律的制裁。

现实中职业操守的沦落是裹挟在公平规则失守的泥沙之中的。久而久之，失去职业操守的不道德行为就会固化为群体默认的潜规则。因此，公平的规则不被逾越，这才是职业操守的真正底线。

2. 把自己的过失推给别人。是人总会犯错误，但有的人犯错误后不敢正视错误，改正错误，却为了逃避责任，把错误推给别人，急于洗脱自己的罪名。这种做法是相当危险的，一个没有担当，只会逃避责任的人，不仅会使自己的过错越来越多、越来越大，而且会逐步毁了自己的前途，自己的一生。

有时，阻碍我们个人前进的并不一定是一个巨大的绊脚石，可能是鞋里的一粒沙。它很渺小、不值得一提，却阻碍了我们前进的步伐。这就如小错一般，如果不及时改正就会铸成我们人生的大错。

过错并不可怕，主要看用什么心态去面对它，不同的心态，结果也不同。只要以乐观的心态去面对，并且勇于承认，加以改正，就会以成功者的姿态走在人生的道路上。

3. 事事以自我为中心。人总是有私心的，不愿舍弃个人的利益，既是一个普通人的权利也符合人性。但集体是属于大家的，只有保障了集体的利益，个人的利益才能得到保障，所以当两者发生冲突时，应该牺牲个人利益。"大河有水小河满"就是用来形象地阐述这个道理的。

一个人要想在事业上做出一番不俗的成就，就必须学会以公司的集体利益为首要考虑的对象，将公司当成"家"，将公司的利益视为"自己的利益"。如果仅仅把公司视为一个"发工资"的地方，事事以自我为中心，那是很难赢得老板的赏识和重视的。

4. 看不起自己的职业。今天，大多数人都在从事着一份非常普通的工作，一是通过工作获取生存的报酬，二是通过工作实现自己活着的价值。但现在身边有一些人认为自己所从事的工作是低人一等的。他们身在其中，却无法认识其价值，自认只是迫于生活的压力而劳动。

他们轻视自己所从事的职业，自然无法全身心投入。他们在工作中敷衍了事、得过且过，将大部分心思用在如何摆脱现在的工作上，这样的人在任何地方都是不会有所成就的。这对自己的工作也是极其有害的。

也许某些行业中的某些工作看起来并不高雅，工作环境也很差，被社会大众的认可度相对比较低，例如建筑行业的现场工作人员、城市清洁工、民政部门的殡仪馆等岗位的工作人员，社会上的人对他们可能会有一些偏见，但事实是社会很需要他们的服务，有用才是伟大的真正尺度。

没有正确的工作态度

工作态度是对工作所持有的评价与行为倾向，包括工作的认真度、责任度、努力程度等。我们有些人从参加工作起，就没有正确的工作态度，他们向钱看，不向前看，把工作当作苦役，拒绝做任何分外之事，等等，这些都是导致墨菲定律生成的土壤。具体表现在以下几个方面：

1. 工作只是为了挣钱。一个人通过付出劳动，社会承认其价值，给予合法的报酬，这就是薪水。薪水是报偿方式的一种。通过工作挣钱，是人的劳动的直接体现。但在有些人眼里，薪水是自己身价的标志，绝不能低于别人。

于是，一些刚出校门或者初入职场的人就幻想能成为年薪几十万元的总经理；刚刚创业，就期望自己能像马云一样富甲一方；或者他们只知道向老板索取高额薪水，却不知道自己能做什么，更不屑从小事情做起，脚踏实地地前进。

这种单纯为了薪水而工作的行为是不明智的，往往使人被短期利益蒙蔽了心智，看不清未来的发展道路。若一个人把工作定位在只为挣钱，下面三种情况就是常见的表现方式。

一是对工作敷衍了事。这类人总认为老板付给自己的薪水太少，因此就对工作敷衍了事。他们工作时缺乏热忱，以应付的态度对待一切，能偷懒就偷懒，能逃避就逃避，以此来表示对老板的抱怨。他们工作往往只是为了得到这份薪水，而从来没想过这样的态度与自己的前途有什么联系，老板会有什么样的想法。

二是到处兼职。身兼两职、三职，甚至数职，多种角色不停地转换，长期处于疲劳状态，工作不出色，能力也无法提高，最终谋生的路越来越窄。

三是时刻准备跳槽。总是觉得现在的工作薪水少，时刻准备跳到薪水更好的单位。但事实上，很大一部分人没有越跳越高，反而因为频繁地换工作，公司因怕泄露机密等原因，不敢对他们委以重任。长此以往，也影响到自己才能的发挥。

2．不把工作当大事。在工作中，有些人将目光投在能够满足虚荣心或是能够出人头地的大事情上面，认为工作中的许多具体事情是不值得做的小事情，没有必要把自己的具体工作当成大事。其实，在日常工作中，更多的是一些具体的小事，不去努力做好每一件小事，这往往是一些人失败的主要原因。

3．把工作当作苦役。工作是人生中不可或缺的一部分，如果从工作中只得到厌倦、紧张与失望，人的一生将会非常痛苦。令自己厌倦的工作即使带来了名与利，也不能带给我们多大的快乐。

态度决定人生，一个人把工作当成乐趣，才会享受到工作的美好；而把工作当成苦役，只会伤感痛苦。一个人对工作没有热情，表现得很消极，就不可能在工作上取得任何成就；如果认为自己的能力差、条件不足，会失败，是二流员工，那么这些自甘平庸的工作态度便会使一个人的工作也流于平庸。

相反，如果一个人认为自己很重要，找到工作的方向和乐趣，把自己的工作看得十分重要，那么很快就会迈上成功之路。一个热爱工作、总能在工作中寻找到乐趣的人，能接收到一种心理信号，告知他如何把工作做好。

努力把一份工作做得更好，意味着更多的升迁机会，更多的报酬收获，更多的经验积累及更多的快乐。

4．拒绝做任何分外之事。有的员工之所以优秀，不仅是他能够很成功地完成本职工作，更重要的是他还会做很多分外的事情。把自己分内的事情做好，只能算是尽职尽责。不仅做好本职工作，还帮别人做好工作才称得上优秀。

积极主动地去帮助别人成功，不仅可以使自己快速进步，而且能赢得同事和老板的尊重与重视。而太过计较个人的得失，不愿多付出一点点，最终失去的是自我发展的机遇。

5．工作有始无终。许多人之所以无法取得成功，不是因为他们能力不够、热情不足，而是缺乏一种坚韧不拔的精神，做事时只有一个很好的开头，却没有一个令人满意的结尾，给人留下一种有始无终、只重开头不管结尾的印象。

他们工作时常常虎头蛇尾、有始无终，做事东拼西凑、草草了事，他们对目标容易产生怀疑，行动也始终处于犹豫不决之中，比如，他们看准了一项工作，刚开始时充满了热情去做，常常在做到一半时又会觉得另一份工作更有前途。

他们时而信心百倍，时而低落沮丧。可以说，这种人也许能在短时间内取得一些成就，但是，从长远来看，最终可能会是一个失败者。

6．三心二意应付差事。马虎大意、三心二意的原因有很多种，主要的原因是对自己的工作不够重视，缺乏严谨的态度。不论是因为对自己非常自信，还是因为事情本身就较小，轻视工作都是没有道理的，而且会带来不良的影响，轻则使工作不够完美，重则对公司造成损失。

做事尽职尽责，努力追求精益求精，是对一个人职业精神的基本要求。只有抛弃"差不多"的工作态度，才能够迅速培养出严谨的品格，获得超凡的智慧，才能让自己从普通员工迈向优秀员工的行列，甚至更高的境界。

很多人从小就养成了粗心大意的习惯，当他们参加工作以后，这种习惯就会被带到工作当中，使他们很难出色地完成任务。这种恶习在工作当中表现为学习不求甚解、外出办事总是迟到、与人约会总是延误、办事缺乏周密性，等等。

更为重要的是，一个人一旦养成这种坏习惯，就会变得浮躁、不诚实，遭到别人的蔑视——既包括对他的工作的蔑视，也包括对他的为人的蔑视。

7. 做事虎头蛇尾。譬如许多单位年初定出一系列计划目标，并且细分到每一个部门、每一个单位甚至每个人，所做的事情也安排得井井有条。

但是到了年底，这些计划、任务完成得如何？哪些已经完成了？哪些还没有完成？离目标值还有多少距离？无法完成计划的原因何在？要么统统没有下文了，要么只有包含着大量"大约""可能"等词语的含糊不清的总结。

做事切忌有始无终、半途而废，许多人之所以无法取得成功，不是因为他们能力不够、热情不足，而是他们缺乏一种坚持不懈的精神，做事东拼西凑、草草了事。对员工来说，有始无终的工作恶习最具破坏性，也最具危险性。

8. 做事敷衍了事。敷衍了事的人不只是工作起来效率较低，自己阻碍了自己发展和进步的道路，而且会给人们留下做事情不负责任、工作粗心大意的坏印象，从而很难获得上司的信任和重用，自然也就无法获得同事的尊重。所以，敷衍了事，实在是摧毁理想、阻碍前进的大敌。

失败的最大祸根就是养成了敷衍了事的习惯，成功的最好方法就是把任何事情都做得精益求精、尽善尽美，让自己经手的每一件事都贴上"卓越"标签。工作中充满着因疏忽、畏难、敷衍、偷懒、轻率而造成的可怕惨剧。

9. 工作没有计划。一个人有无作为，看你会不会订计划；一个部门有无优良业绩，看部门负责人会不会订计划；一个企业有无高效率，看企业领导会不会订计划。

计划订得好，效率有保障；计划订得差，效率必低下。没有人生规划而能成就大事的人，我们很少听说过；没有严密计划而有高效率的企业，同样我们也很少听说过。

计划工作如此重要，而对此不重视的个人或企业却比比皆是。工作无序，没有条理，必然浪费时间。

我们很多人都不知道工作的主要目标在什么地方，工作时眉毛胡子一把抓，既虚耗了时间，又完成不了任务。所以，要避免工作的盲目和杂乱，就必须制订一份工作时间表，使工作能有序地进行，这样就能最有效地利用时间。

10. 工作态度消极。工作态度消极是指人在工作中通过经验积累而形成的对工作所持有的稳定的消极的评价与行为倾向。它使人工作投入不足，工作绩效降低，表现出一些消极行为，如离职、缺勤、迟到、早退、偷懒、破坏工作秩序、与人关系紧张、暴力行为、偷窃行为等。

另外，有的人工作拖拖拉拉，立刻能做的事情非要过会儿再做，上午能做的事情非要下午再做，当天能做的事情非要明天再做，长此以往，造成工作效率低下。

这类人最喜欢说这样的话："这个归我管吗""我尽力而为吧""我很忙，实在没时间想那么多""经理，我们试过了，没办法"，等等。其实很多时候的很多事，并不是他们不会做、没办法做，而只是他们不想对做事的结果负责。

因为负责就意味着付出，付出就意味着会多占据自己的时间、精力，当这些付出得不到明确的回报时，他们就不愿去负责。

造成工作消极的原因主要有以下几点：

一是对目标工作的思想认识不到位。

在追查工作拖拉的原因时，我们经常会听到拖拉者检讨自己：对该项工作重视不够或者忘了、没注意到等之类的悔过之辞。道理很简单，因为对要做的目标工作的重要性、实质内容与规律性等都未认识到位，甚至存在误解或反感情绪，这样当然不会积极努力去做。即便去做了，也可能是被动应付，出工不出力，或对即将要做的工作的复杂性与难度估计不足、准备不够，仓促上阵，操作不当，被动局面自然形成，拖拉现象也就由此而生。

二是对目标工作的胜任能力不足。

目标工作有难有易的确不假，可是同一目标工作交给两个能力悬殊的人去做，结果往往也会大不一样。因此，有些人工作效率低下，进展缓慢，甚至做不好、完不成的原因，不是工作不努力，而是工作能力实在太差，力不从心，难以满足完成目标工作的需要。

三是对完成目标工作心存私心杂念。

有些目标工作，完成难度不大，却总是看不到理想的工作进展与成果，追问起来，不少人还会找些表面现象与十分牵强的理由来掩盖真相、粉饰成绩或者推脱责任。

其实背后还兼顾有私情、私利、交易等不愿公开的秘密，有意敷衍塞责、拖延时间或不了了之，甚至开倒车。这是私心杂念在作怪，导致指导思想、工作动机甚至工作立场出了问题。

四是内部存在工作推诿和扯皮现象。

在推进目标工作过程中，有些工作团队风气不正、管控松懈、协调不力，内部经常发生部门之间、人员之间互相推诿、互不配合、各不买账、相互指责、互相埋怨的推诿和扯皮现象。这种现象一旦得不到及时有效的解决，就会成为推进目标工作的负能量、绊脚石，影响目标工作的圆满完成。

五是多种原因交集叠加造成工作拖拉。

在追查工作拖拉的原因时，我们发现更多的还是上述原因的交集叠加，甚至有时还会夹杂一些如顾虑过多、为求完美而错失良机；自卑胆怯、缺失信心而裹足不前；方法不对，走了弯路；装备落后，难以保障工作的需要；工作对象顽固不化等其他方面的原因。

没有拼搏进取之心

有的人做事四平八稳，只求不出差错，缺乏积极创新精神。在竞争这么激烈的今天，如果在工作中依然选择四平八稳，不思进取，遇到问题绕道走，只求守住摊子，不出乱子；看问题没有主见、人云亦云，见风使舵；或者善于跟风造势随大流，工作不冒尖也不落后，那么这种追求"四平八稳"的心态，必然会成为发展的"绊脚石"，使人错失转瞬即逝的发展机遇。这种人也有几种类型：

1. 没有自己的主见。四平八稳随大流，就是不相信自己的想法，人云亦云，没有自己的主见。

失去主见，就意味着失去了自己的思想。一个失去思想的人，最终不可能不犯错误。

"做一天和尚撞一天钟——得过且过"，这是大家熟知的一句歇后语。然而，在很多地方，这句为人熟知的歇后语却演变成了有些人对待工作时的消极怠工心态。

2．工作中眼高手低。眼高手低，一个当前普遍存在的现象，也是一个不容忽视的话题，这不仅存在于年轻气盛的初入职场者身上，越来越多的老职场人也存在这一问题，如何剖析这一现象，如何解决这一问题，已成为全社会关注的话题。

眼高手低是年轻人最容易形成的习惯，也是失败频繁发生的原因。有的人内心充满了理想，常跟人高谈阔论，可是当具体到问题和琐碎的工作上时，他们就显得不知所措。当你意气风发地和别人谈你的梦想时，不经意间你已经陷入了一个美丽的陷阱，一个浑然不知又注定失败的误区，那就是眼高手低。

有时你会发现成功离你那么近，几乎触手可及，而此时的你却忘了那只是感觉。一次次的失败会把一个人逼入困顿中。一个有理想、有抱负的人，为什么到头来却两手空空、一无所获？究竟是什么阻碍了一个人成功的脚步？究竟是什么让人一次次地受打击？究竟是什么让一个人的梦想变成了幻想？

无知与眼高手低是我们最容易犯的两个错误，也是频繁失败的主要原因。许多人刚走出校门、走进社会时雄心万丈，然而却经不起平凡生活的磨炼和时间的考验，总是在毅力和持久上吃败仗。

他们想的是在短期内获得大的成绩，取得高的薪水。事实上，刚刚踏入社会的年轻人缺乏工作经验，是无法委以重任的，薪水自然也不可能很高。

很多员工心目中都有远大的理想，但在实际生活中需要脚踏实地，准确衡量自己的实力，不断调整自己的方向，一步一步走，才能达到自己的目标。纸上谈兵的人永远无法取得成功。

3．做一天和尚撞一天钟。有些人"做一天和尚撞一天钟"，抱着混日子的态度来做事。什么样的心态造就什么样的人生，一种人认为是在为老板打工，得过且过，做一天和尚撞一天钟，完成自己的工作就行了。

有这种想法的人，其职业生涯相信也不会有大的进步。另一种是做事业的心态，不单单把工作看作一种职业，而是看作自己的事业，相信这种人在完成工作的同时也在不断取得进步。

试想，一个人抱着"混"的态度，如果让他去做一线工人，他一定得过且过、粗制滥造，做出的产品即使暂时合格，也不会是精品。这与企业的发展目标是格格不入的。如果让他去看大门，他一定萎靡不振，绝对不能代表企业形象。

聘用得过且过、做一天和尚撞一天钟的人，不仅对企业和老板是一种损害。长此以往，也会降低他们自己的价值，断送他们的希望，使其生活维持在一种较低水平上，过着一种庸庸碌碌、牢骚不断的生活，并因此而埋没了他们自己的才能，埋没了生命应该有的那种创造力。

4．喜欢抱怨。在工作和生活中，偶然的适当的抱怨总是难免的。但一个爱抱怨的人，对周边的人而言，就像个怨妇，整天皱着眉头，念念叨叨，浑身充满了负能量，没有人喜欢和这样的人多接触。他抱怨别人的同时，别人也难免会抱怨于他，于是抱怨就像一个魔鬼，张开大口不断吞食他身边的亲朋好友，让他们逐渐地远离他，不敢与他交往，时间一长，他就成了孤家寡人。

5．浪费宝贵的时间。有些人在工作中感觉有很多事要做，但其实又没做什么，感觉像只无头苍蝇，把自己搞得很累却又没啥大的收获。如果每天都很卖力地工作，但总觉得时间不够用，还是建议你先停下脚步，去思考哪里出了问题，是"什么"在偷走你的时间呢？

一是习惯性的网上闲逛。比如，想写一篇博客很久了，名字都想好了，叫《技术与能力的关系》，内容也仔细考虑过，认为通过将技术水平与实际应用做个比较就是个很好的例子。于是打开浏览器，打开博客，写好题目，然后不知怎的点开了以前访问过的一些网页，如豆瓣、新浪微博、淘宝等。

于是，又一个一个点开来，看看有没有给你的消息，再看看好友们有啥更新，一圈轮下来，已经过了些时候了，想最先看的那个又有什么更新。好吧，已经进入死循环了。

这是一种逃避，浪费自己的时间，培养自己的懒散，是多么愚蠢的一种行为啊！

二是无意识地开电脑，开浏览器。曾几何时，回家打开电脑就跟进门脱鞋一样变得如此的理所当然，如此的无意识，当然，更别说开电脑后打开浏览器了。

我们成了电脑、浏览器的奴隶，而完全忘了电脑只是个工具，我们用它，只是为了完成某个工作，比如写篇博客，比如要实现一个算法或者读一篇文章，等等。

让开电脑、开浏览器这件事变得有意识、变得更加有目的性，就能减少许多不必要的时间浪费，还能节约能源。

三是试图做多件事。你会一下子点开好几个网页吗？然后晕头转向地在这之间切换？这是很典型的南辕北辙的例子，想加快速度，结果却截然相反。这和读书、学技术是类似的，想一下子读好几本书，掌握好几个方面的技术，结果却必然适得其反。

一次试图做多件事是很不靠谱的，明白这件事不难，难的是如何控制住那种"圆满"的诱惑。

不善于处理人际关系

人际关系问题，是每个人都必须关注的话题。在现代社会，工作能力强，不一定能干好工作，因为人际关系处理不好，遇到问题得不到他人的帮助，很多事就干不好。干不好自己的工作，必定会造成失误，造成失误就容易导致重大隐患的产生。

1. 不愿与上司沟通。有些人，不愿意和领导交流，甚至总是躲避领导，这是很愚蠢的一种做法。其实做领导是很孤独的，他们也希望与人交流。如果你能经常和领导聊聊天，遇到问题及时向领导请教，那么你就能减少失误，少犯错误。

当然，要注意合适的时间和地点，在上司工作繁忙和心情不好的时候，千万不要去打扰他们。

员工主动和上司沟通，能让上司更透彻地了解你。另外，在上司面前展示你的才华和忠诚，上司才能放心地让你独当一面。有了问题，上司也才会及时帮助你解决。

2. 不善于处理同事间关系。工作中，同事之间往往会碰到很多需要协商的事情，这些事情的处理会直接影响到同事之间的关系。处理得好，关系融洽，工作绩效好，会少犯错误；处理不好，工作可能会受阻，甚至造成大的失误。因此，处理好同事之间的关系，确实是一件大事。

3. 不愿正面接受上司批评。在实际工作中，确实也存在一些上司不了解实际情况就胡乱批评下属的现象。作为下属，该如何正确对待批评？不是去改造上司，最根本的是要提高自己的思想、性格和处世方面的修养。

"良药苦口利于病，忠言逆耳利于行"的道理谁都懂，但真正实践起来并不容易。尽管把上司的无理批评"顶"回去是一件很爽的事情，但这样的冲动可能会给你带来更多的麻烦。有的上司具有开放性思维，允许下属有不同的看法，即使不看好下属的想法也会给予支持。

但有的上司自我意识很强，看到下属的想法和自己不一样就反感，甚至会怒火中烧，指责、批评也就难免了。接受来自上司的批评，哪怕是无理的批评，是组织中的明规则也是潜规则。

说它是明规则是因为上司有这个权力和责任批评你，而你没有。而说它是潜规则则是因为如果你要反击上司的批评，可能会受到更多更大的"批评"，甚至会影响你的工作，导致你的工作出现失误。

所以，要想在工作中取得成绩，一定要学会处理各种人际关系，尽量避免不必要的麻烦，只有这样，才能促使自己少犯错误、不犯错误，避开"墨菲定律"的可怕魔咒，成就一番事业。

第三章
墨菲定律的正确认识

  无论是出于什么因素，人都是会犯错的，失败和挫折是不可避免的产物。关键在于面对失败和挫折的时候，你是一种什么样的态度：是选择迎难而上，还是选择畏惧退缩？消极地沉浸在挫折带来的苦难中，你只能被风浪淹没；而勇敢一些，迎难而上，则会在风雨过后迎来美丽的彩虹。

  正确认识"墨菲定律"的意义，首先能够使我们时刻保持清醒头脑，防微杜渐，避免意外事故的发生。其次，若是有些失败是不可避免的，我们也要正确面对，并认真分析导致失败的诸多原因，从而减少错误的发生。

越把失败当回事则越会失败

人生是怎样的一种经历？借用俄国作家车尔尼雪夫斯基的一番话来回答这个问题最为恰当："历史的道路不是涅瓦大街上的人行道，它完全是在田野中前进的，有时穿过尘埃，有时穿过泥泞，有时横渡沼泽，有时行经丛林。"

"墨菲定律"告诉我们，无论是出于主观因素还是客观因素，人都是会犯错的，失败和挫折是不可避免的产物。从这个意义上讲，没有谁比谁幸运，现实总是充满坎坷的，关键在于面对这道坎的时候，你是一种什么样的态度。

这件事发生在日本某公司的一次招聘中。一个平日成绩优异、从未有过失败经历的年轻大学生，由于没有被录取而自杀。三天后，当企业负责人查询电脑资料时意外地发现，那个自杀的应聘者各方面成绩和表现都很好，只是由于电脑的失误，他才会被淘汰。

此事一经爆料，各界议论纷纷，有叹息声，有感慨声，但更多的是反思。一个经不起失败、经不起考验的人，将来如何迎接比面试更加残酷的竞争？如何去承受比面试失败更糟糕的情形？就算他成绩优异，各方面能力突出，这种不堪一击的心理素质，也注定会成为他人生中的拦路虎，一旦遇到风吹草动，他立刻就会怀疑自己，选择认输。

退一步说，就算是真的失败了，又怎样呢？那不过代表暂时没有成功，并不意味着你不够优秀、你比别人差，也许是各方面机缘条件的巧合，也许是你的情况暂时不符合需求，仅此而已。一朝被蛇咬，十年怕井绳，你心里过不去这个坎，屈从于现状，受制于情绪，承认了未来的你也会跟此时此刻一样，不会有任何的改变和进步，那才是彻底输了。因为，你的认输意味着你不仅否定了现在的自己，也否认了将来的自己。

成功学大师拿破仑·希尔曾经这样解释过人生的逆境："那种经常被视为是失败的事，只不过是暂时性的挫折而已。还有，这种暂时性的挫折实际上就是一种幸福，因为它会使我们振作起来，促使我们调整自己的努力方向，令我们向着不同但更美好的方向前进。"

所有成功者，他们的成功都不是与生俱来的，他们能够取得成功的最重要原因就是开发了自己无穷无尽的潜能。

当你遭遇失败、听到否定之声的时候，不要让它们变成你思维里的一堵"墙"，你应该相信这不过是一次意外或考验，此时此刻的境遇决定不了你的未来，你身体里蕴藏着的才气、能力和创造力，远比你已经表现出来的要多得多。

摆正心态后，认真地反思一下不足，并相信自己可以通过努力去弥补些空白。一旦你对自己的能力产生了肯定的想法，你的潜能很快就会被激发出来，而你也会因此获得一个好的结果。谨记，成功这件事不怕万人阻挡，就怕你自己投降。

敢于面对，才不怕事情变得更糟

生活总是沟壑不平，坎坎坷坷。每个人都可能陷入糟糕的境地，怕就怕你自认为那已经是绝境。"墨菲定律"告诉我们，没有最糟，只有更糟。如果事情可以更糟，那它就真的可能变得更糟。

打开网页看看，世间不幸者太多了，且是厄运连连。有些人家境贫寒，家中有人身体不好或早逝，还偏偏不断遭遇各种横祸和意外，让旁观者不禁皱眉感叹：为什么他们总是遭遇不幸？难道是上天故意给他们的折磨吗？如果是故意的，那也足够多了啊！

其实，这并不能全部归咎于命运。如果事情还可以更糟的话，即使更糟糕的情况没有出现，它也已经处于潜伏状态了，只不过我们未曾发觉而已。磨难太多固然不是好事，但决定生活境况会不会变得更糟的，还是个人面对挫折时所采取的人生态度是积极还是消极。

让我们看看林肯的一生。出生时家里一贫如洗，9岁时母亲去世，15岁才开始读书。24岁时与人合伙做生意，公司因经营不善而倒闭，并因此负了15年的债。后来，他再次经商，依然以失败告终。他8次竞选，8次落败，甚至还精神崩溃过一次。

面对这些挫折，林肯的选择是不放弃，继续前行。终于，在1860年，他当选为美国总统。然而，厄运和磨难并未远离他。刚当上总统不久，南北战争就爆发了，他在初期的战争中屡战屡败，最后好不容易统一了美国，再次当选总统。一切刚刚尘埃落定，他就在去福特剧院看戏时遭到了刺杀，结束了这充满苦难却又不凡的一生。

林肯的一生从未离开糟糕的境遇，似乎是越来越糟。换作常人，也许早已选择放弃，甚至已经无力再站起。但林肯没有退缩过，一直向前走。正因为此，他才改写了美国的历史，成为至今依然受人敬仰和怀念的总统之一。

很多人都有林肯的倒霉，却没有林肯的成功，区别就在于身陷困境的时候，只是一味地抱怨、乞怜。要避免事情朝着更糟的方向发展，就要在糟糕的境遇中竭尽全力地去做力所能及的事，努力扭转和挽回局面，避免更大的损失和伤害。

人生难免会有困难坎坷抑或是沉重的打击，面对这些，你可以伤心，你可以悔恨，但不能丧失面对它的勇气，更不能一味地认为失败就是痛苦。"雨打梨花，飘零满地，但落花不会因为你的怜惜就重上枝头。滔滔江水，一往无前，它也不会因为你的痛苦就停止流动。"

人的一生，坎坷也好，失败也好，战胜了就会无悔。失败算什么？痛苦又算什么？一生孤苦不幸的贝多芬在双耳失聪之后，仍不忘告诫自己，要扼住命运的喉咙；意大利旅行家马可·波罗在蒙受牢狱之灾后并没有一蹶不振，而是写出了著名的《马可·波罗游记》；海伦·凯勒从小双目失明，可学习了十几种语言；杏林子终身要忍受病魔的摧残，可她的文章却感动了许多人……

一次的失败并不代表永远的失败，我们千万不能走进这样的误区，而误以为失败以后就再也没有机会东山再起。如果这样想，既是对失败的不尊重，也是对自己人生的不尊重。你愿意做一个对生命不负责的人吗？不愿的话，就从给失败正名开始，追求美好的人生吧！

直觉往往不会无缘无故出现

在我们的日常生活中，"墨菲定律"的身影随处可见，比如：在交际中，你越是不想见到某人，跟某人相遇的机会越会增加；早上上班起床的时候，怕把孩子吵醒，你一再注意，结果孩子还是醒了；在街上准备拦一辆车去赴一个时间紧迫的约会，但你会发现街上所有的计程车不是有客就是根本不搭理你，而你不需要计程车的时候，却发现有很多空车在你周围游弋……只要细心观察，有很多事情和墨菲定律有着密不可分的联系。

1983年9月，洛杉矶的盖蒂博物馆得知，一位艺术品经纪人手上有一座大理石"青年立像"，该立像据说出土于希腊，创作于公元前6世纪，保存得非常完好，可谓稀世珍宝。

但博物馆的工作人员面临着一个严肃问题：这座雕像是真是假？博物馆组织专家展开了非常谨慎的调查工作，还专门聘请地质学家用高科技技术检验石材的年代。

经过长达14个月的调查后，博物馆实在没有找到证据证明雕像是赝品，因此高价购入。雕像入驻博物馆后，许多世界顶级的古文物专家慕名前来参观，但就在看到了这座雕像后，他们都认为不是真品。这些专家并没有进行详细的检验，他们只是在看第一眼的一刹那，就感觉哪里不对，可又说不清问题究竟在哪里。

一位古希腊像专家说，他看到雕像的第一眼感觉就是："他很新鲜，一点儿都不像在地下埋了几千年的。"还有一位博物馆馆长说：

"感觉这个雕像从未在地下埋过，很奇怪。"博物馆面对众多专家的怀疑也动摇了，于是又组织专家进行深入调查并翻阅相关文献，结果发现这些专家的"感觉不对"是正确的。

专家们和那位博物馆馆长的直觉验证了"墨菲定律"——

人们觉得可能出错的地方，就一定会出错，在技术上很难分清真品和赝品的东西，在感觉上却分辨出来了。所以，在日常生活和工作中，我们的感觉是灵敏的，而且有时是正确的。我们要相信自己的直觉，做好准备，这样我们才能防止失误和损失的发生。

你可以通过以下测试来判断自己的直觉敏感度。

用"是"或"否"回答下列问题：

1. 你曾经在门铃响时就料到谁来你家吗？

2. 你经常在没有技巧的情况下也会赢一些带有赌博性质的游戏吗？

3. 衣服只要看一眼，你就知道它合不合适吗？

4. 你曾经觉得现在发生的事曾在某时丝毫不差地发生过吗？

5. 玩猜猜看的游戏，你经常赢吗？

6. 在冥冥中，曾经有人指示过你吗？

7. 你的命运真的有一种神奇的力量在操纵吗？

8. 你曾经在对方尚未开口前就知道他想讲什么吗？

9. 你能够感觉到一个陌生人的好坏吗？

10. 曾经一看到某套衣服，立刻有一定要买下它的直觉吗？

11. 你曾经有过特别想念一个久未谋面的朋友时，那人就突然跟你联系吗？

12. 你曾经有过觉得某人不可靠的那种直觉吗？

13．你曾经在拆信前就已猜到信的内容吗？

14．你曾经有过对陌生人似曾相识的感觉吗？

15．你曾经因为不好的预感而取消出行的计划吗？

测试结果：

"是"为1分，"否"为0分。

0分：你几乎没什么直觉。如果你慢慢培养自己的直觉，会发现直觉会带来不少方便。

1～9分：虽然你的直觉很强，不过往往不晓得如何有效地运用。不妨让直觉来为你做某些决定。你会发现，许多解决问题的方法通常出现在一念之间，其效果有时胜于苦思得来的。

10～20分：你是个有敏锐直觉的人。这种天赋并不是人人都有的。

认定不值得做就一定做不好

伦纳德·伯恩斯坦是世界有名的指挥家，可他最喜欢的事却是作曲。伯恩斯坦年轻时师从美国知名作曲家柯普兰，附带学习指挥。他很有创作天赋，曾经写出了一系列出色的作品，几乎成了美洲大陆的又一位作曲大师。

就在伯恩斯坦发挥着作曲天赋时，他的指挥才能被纽约爱乐乐团的指挥发现，力荐他担任该乐团的常任指挥。伯恩斯坦一举成名，在近30年的指挥生涯里，他几乎成了纽约爱乐乐团的名片。

　　功成名就是不是让伯恩斯坦很有价值感？不，在他内心深处，依然更热衷于作曲。闲着的时候，他总要把自己关在房间里作曲，可是作曲的灵感已经很难回到他身边了，除了偶尔闪现的灵光以外，多数时候他感受到的都是苦闷和失望。因为在他内心深处，有一个声音始终在折磨着他："我喜欢创作，可我却在做指挥！"

　　伯恩斯坦的这种心理，其实就是陷入了墨菲定律中，即从主观上认定某件事是不值得做的，那么在做这件事时，总是抱着矛盾的心理、勉强的态度，即便是做好了，也不会有太多的成就感。

　　我们并不能断言说哪一种工作类型一定是好的，因为人和人的性格本身就有差异，所以最好的办法就是寻找一个同自己性格相符合的工作，这样人们才能全心全意地做好这份工作。

　　想满足这个条件，我们就需要对自己的能力有一个认识，既不能太过高估自己，也不能太过低估自己。过于高估自己的话，我们在做事的时候就会觉得力不从心，难以将工作做好，慢慢地我们就会讨厌自己所的事情。一旦有了厌倦的心理，工作就难以进行了。如果过于低估自己，我们做的时候难以完全发挥自己的实力，那么我们又会觉得自己被大材小用，手头的工作是自己不值得做的。

　　相信很多人都有这个感觉，某件事情他能多做，但是想要做好却非常困难。如果将一件事情做得非常含糊，我们内心就难以生出满足感，时间久了，也会产生厌烦心理。所以我们说，要选择自己能够做好的工作，这样才会让我们越做越有激情，越做越想做。

　　很多人都说人生如棋，意思是说人的一生变数很大。其实，人生与棋局除了这一点相似之处之外，还有很大的区别。因为人是有感情的，棋子则没有，棋子放在哪里，就在哪里起作用，人则不一样。一个人如果处在不适合自己的地方，内心就会产生严重的厌倦感和无力感，很多时候不仅起不到作用，还会有负面的影响。

所以，我们一定要做正确的人生定位，把自己放在最适合的位置上，放在自己想要存在的地方。很多事情都是这样，只有你想做，你才有可能做好。

这就告诉我们，一定要选择自己认为值得去做的事情，这样才能让你变得愈发能干，得到心智和能力上的提升。那么，如何判断一件事情是否值得做呢？通常来说，一件事值得做与否，取决于三个因素：

第一，价值观。只有符合我们价值观的事情，我们才会满心欢喜地去做。

第二，个性和气质。如果做一份违背我们个性、气质的工作，往往是很难做好的，这就好比自己明明很内向、很害羞、不善于沟通，却非要去做销售或公关，肯定是很难受的。

第三，现实的处境。同样的一件事，在不同的处境下去做，感受也不一样。如果你在一家大企业做勤杂工，你可能认为是不值得的，可当你被提升为后勤部主任时，你就不会这么想了，反倒会觉得很值得做。

不过，理想总是丰满的，现实有时却很骨感。当我们不得不去做一些不喜欢的工作时，最好的处理方式就是调整心态，把它当成值得做的事情去做。

重视暗示效应的"暗示"作用

暗示效应是指在没有对抗的条件下，用含蓄、抽象的方式，诱导他人的心理，对其行为产生影响。被诱导的人，按照一定的方法或行动，接受某种观点或意见，使其思想、行为与暗示者期望的目标相符合。

"墨菲定律"里所说的"越害怕的事越会发生""越是怕出错就越是会出错"，其实也是一种暗示作用：因为你害怕那件事发生，那件事就真的发生了；因为你害怕出错，错误就真的产生了。

有位心理学家为了证明暗示效应对人所产生的影响，在课堂上给学生做了个有趣的演示。这位心理学家先让助手在每位学生面前摆个空杯子，接着用水壶把白开水倒入每位学生面前的空杯子中。助手逐一完成后，心理学家对学生说："同学们，你们面前杯子里装的是白开水，请你们喝下去。"

同学们喝下去后，心理学家又让助手拿出一个水壶，再把水壶中的水倒入同学们面前的空杯子中，说："同学们，刚才倒入你们面前杯子中的水，是来自法国300米高山上的矿泉水，请你们品尝一下，水是不是有一股甘甜味儿。"

同学们喝下这杯水，真的点头说是有股甘甜味。最后，这位心理学家对学生说："其实这两杯水都是白开水，并且是来自于同一个锅煮开的白开水。"这就是暗示效应带给人们的奇妙错觉。

暗示效应的产生是因为人的潜意识里有对事物的看法，当人们进行语言、行为上的暗示时，人们就会将潜意识的看法和他人的暗示联系起来，并形成反应。

在上面那个实验里，水壶和矿泉水就是符合人们日常认知的一种图像暗示。于是，当心理学家用语言进行暗示的时候，人们就会根据这个先入为主的印象形成错觉。

同样的道理，如果你身边充满了苛刻、尖酸的人，他们用负面的词语来评价你，每天都对你说"怎么这么简单的事情你都办不好""你是笨蛋吗？怎么脑子这么蠢""你怎么这么差劲呢"……过了一段时间后，你会发现，自己渐渐被他人催眠成一个不行的人。

为什么会有这样的情况出现呢？心理学家对此进行了深入的研究，结果发现意志力越差、越不自信的人，越会受到他人暗示的影响。换句话说，当一个人非常自信，意志力非常坚定，那么即使别人对他进行消极的、负面的暗示，他仍会笑着开玩笑回击。

如果自己不幸被别人暗示成一个"不行"的人，那该怎么办呢？方法很简单，依靠暗示效应，你就可以把自己暗示成个"行"的人。

在第二次世界大战期间，美国由于兵力不足，临时决定组织关押在监狱里的犯人到前线作战。为此，美国政府还派遣了心理专家对犯人进行战前的心理辅导，希望这些犯人能以最佳的状态奔赴前线。心理专家对监狱里的犯人做了为期三个月的心理辅导。

在训练期间，心理专家要求犯人每天给自己最亲的人写一封信。但是，这封信的内容是由心理专家统一拟定的。主要内容是犯人在监狱里的良好表现、改过自新的欲望、如何进步、有着怎样的奋战欲望，等等。

心理专家要求每个犯人都要认真抄写，并亲自邮寄这封信。三个月后，这批人被送到前线支援美军。这时，心理专家又要求他们每天晚上为最亲的人写信。

信的内容也是由心理专家指定的，主要是讲述他们在战场上如何服从纪律，如何英勇杀敌……结果，不久后，这批犯人在战场上的表现丝毫不逊色于正规军人。他们在战斗中的表现都正如他们在信中写的那样：服从指挥、勇敢奋战。

不断地对自己进行积极的心理暗示，人们就会向积极的方向走。相反，不断地对自己进行消极的、失败的暗示，就会出现墨菲定律描述的情况。

每个人都会有这样的经历：早晨醒来的那一刻，如果对自己暗示说"我很困，我还需要再睡一会儿"，那么就会感觉非常疲惫并且不想起床。

相反，尽管非常困却对自己暗示说"我还年轻，睡五小时就够了，我会精力充沛的"，那么，往往可以打起精神起床，而这一天也会是精力充沛的，这就是因为自我暗示产生的截然不同的效果。

"幸"与"不幸"的辩证转换

很多犯过错误和有过失误的人，常常会产生不正确的想法，他们不是想办法去改正错误、检讨原因，重新迈步向前，而是意志消沉、心灰意懒，从此一蹶不振。这种不良心态导致了"墨菲定律"的肆意横行。事实上，不同的心态常会导致不同的人生轨迹。

有两只小鸟在天空中飞行，其中一只不小心折断了翅膀。无奈，它只好就地栖息疗伤，让另一只小鸟独自前行。另一只小鸟觉得伙伴受了伤，太不幸了，可谁料，本以为很幸运的自己，没飞多远就惨死在猎人的枪口下。世事往往就是这样，幸运和不幸总是紧紧地连在一起，幸运者不一定总是幸运，不幸者也不会总是倒霉。

战国时期，一位老人养了许多马。一天，他的马群中忽然有匹马走失了。邻居们听说后，便跑来安慰老人，可老人却笑道："丢了一匹马损失不算大，没准会带来什么福气呢。"

大家觉得老人的话很好笑，马丢了，明明是件坏事，却说也许是好事。几天后，老人丢失的马不仅自动返回家，还带回一匹匈奴的骏马。邻居听说了，对老人的预见非常佩服，前来向老人道贺说："还是您有远见，马不仅没有丢，还带回一匹好马，真是福气呀。"

出人意料的是，老人听了反而忧虑地说："白白得了一匹好马，不一定是什么福气，也许会惹出什么麻烦来。"

大家觉得老人是故作姿态，白捡一匹马心里明明应该高兴，却偏要说反话。突然有一天，老人的儿子从那匹匈奴骏马的马背上跌下来，摔断了腿。邻居听说后，又纷纷来慰问。

老人说："没什么，腿摔断了却保住了性命，或许是福气呢。"这次，大家都觉得他又在胡言乱语，摔断腿会带来什么福气？

不久，匈奴大举入侵，青年人都应征入伍，老人的儿子因为摔断了腿，不能去当兵。后来，入伍的青年都战死在沙场，唯有老人的儿子保全了性命。

这个故事，就是我们所熟知的"塞翁失马，焉知非福"。它告诉我们，好事与坏事都不是绝对的，在一定的条件下，坏事可以引出好的结果，好事也可能会引出坏的结果。

很多时候，幸福也是一样，总是蕴藏在不幸的外表下面。其实从心理学角度讲，所有的"不幸事件"，都只有在我们认为它不幸的情况下，才会真正成为不幸事件。与之类似，还有我们常说的"不幸中的万幸"的故事。

曾有一个中年男人以卖热狗为生，勤快加热情令他的生意蒸蒸日上。他的儿子大学毕业后，找不到工作，便跟着他一起做生意。

有一天儿子看到父亲还在扩大生意，奇怪地问："爸爸，您难道没有意识到我们将面临严重的经济衰退吗？"

父亲不解地问："没有啊。为什么这么说呢？"儿子答道："目前，国际环境很糟，国内环境更糟，我们应该为即将来临的坏日子做好准备。"

这个男人想，既然儿子上过大学，还经常读报和听广播，他的建议不应被忽视。

于是，从第二天起，他减少了肉和面包的订购。没多久，光顾的人越来越少，销售量迅速下降。不过，因为他们的订货量也大量减少，所以，虽然没多少利润但还不至于亏本。

他感慨地对儿子说："你是对的，我们正处在衰退之中，幸亏你早点提醒我，真是不幸中的万幸啊！"

在这个故事里我们可以看出，"幸"和"不幸"都是依据人们自己心中的标准而言的。

所以，我们能不能获得幸福？现在是在不幸中挣扎，还是在幸福中陶醉？将来是步入幸福，还是陷入不幸？答案往往只有我们自己能回答。虽然世界是现实的，但看不见、摸不到的命运却一直藏匿在我们的思想里，我们若能懂得从不幸中看到幸福，那么，你就会发现，很多事情的结局别有洞天。

正如心理学家哈利·爱默生·佛斯迪克博士所指出的："生动地把自己想象成失败者，这就足以使你不能取胜；生动地把自己想象成胜利者，将带来无法估量的成功。伟大的人生以想象中的图画——你希望成就什么事业、做个什么样的人——作为开端。"

很多伟大人物的成功，就是凭借这样一种智慧的心态取得的。

张海迪，山东省文登人，1955年出生。小时候因患脊髓血管瘤导致高位截瘫。在残酷的命运挑战面前，她没有沮丧，没有沉沦，而是怀着"活着就要做个对社会有益的人"的信念，以顽强的毅力与疾病做斗争，战胜了无数的困难和挫折，自学了英语、日语、德语等多门外语，并攻读了大学和硕士研究生的课程。

从1983年开始，张海迪先后翻译了《海边诊所》《丽贝卡在新学校》《小米勒旅行记》《莫多克——一头大象的真实故事》等数十万字的英文文学作品，创作了《向天空敞开的窗口》《生命的追问》《轮椅上的梦》等文学作品。

其中《轮椅上的梦》在日本、韩国等地出版，而《生命的追问》出版不到半年，就被重印4次，并获得全国"五个一工程"图书奖。

1995年，她曾作为中国政府代表团成员参加了第四次世界妇女大会。1997年，她被日本NHK电视台评为世界五大杰出残疾人。

张海迪的成功，深刻地告诉我们：遇到所谓的"不幸"并不是什么可怕的事情，关键是我们如何去看待它，如何对待它。

事实上，时间是永不停息的，世界是不断发展、变化的，所以没有什么"幸"与"不幸"是永恒不变的，我们只有学会从不幸中看到幸福，采取有效的措施扭转大家所谓的"不幸"的趋势，自信地找准一个方向，并耐心地、努力地坚持下去，幸福与成功便会水到渠成。

　　任何时代、任何事件，都是无所谓好坏的，眼前的一切，不过是时间轴上的一个点。学会放眼前方，用心去寻找、去捕捉那蕴于不幸中的幸福，我们最终会发现，在这个无限延伸、充满变数的轴线上，自己很容易就得到了幸福。

不要让自己变成一头"蠢驴"

　　一个名叫布里丹的人养了一头小毛驴，他每天都要向农户买堆草料喂它。有一天，农户额外赠送了一堆草料，布里丹将两堆草料都放在毛驴旁边。这下子可给小毛驴出了个大难题，两堆草料大小相等、质量一样、与它的距离也等同，究竟该吃哪堆呢？虽然毛驴可以自由选择，但是它始终在两堆草料中间徘徊，左看看，右瞧瞧，根本拿不定主意。事情的结果让人大跌眼镜，最终，可怜的小毛驴竟然眼巴巴地看着两堆草料饿死了。

　　根据这一现象，布里丹总结出有名的心理定律"布里丹毛驴效应"，主要是指在两个相反而又完全平衡的推理之下，随意行动是不可能的。人们往往在决策过程中犹豫不决、迟疑不定。正因为左右都不肯放弃，所以无法做出有效的决策。这样就导致了错误的产生，幽灵一般的"墨菲定律"也就是这样进入了我们的生活。

　　"布里丹毛驴效应"在我们生活中随处可见。如果不小心，谁都有可能变成布里丹的小毛驴，每当遇到人生的十字路口，如果我们反复权衡，举棋不定，机会就会偷偷溜走。

　　人生充满了选择，我们必须要及时做出选择，否则，机会稍纵即逝，想要拥有紫霞仙子的"月光宝盒"，让时间从头来过是不可能的事情。因此，决断在某种程度上就是各种考验的交集。

做出正确的选择

　　蒲松龄的《聊斋志异》中有这样一则故事：

　　两个牧童在山林里发现一个狼窝，狼窝中有两只嗷嗷待哺的小狼崽。两个牧童一人抱起一只小狼崽爬上了高高的大树，他们打算利用小狼崽来捕获老狼。

　　一个牧童在树上掐住小狼的耳朵，小狼开始嚎叫，老狼随即奔来，在树下疯狂地乱抓。

　　另一个牧童在旁边的树上扯小狼的尾巴，这只小狼崽也连声嚎叫，老狼又来到这棵树下，企图救回孩子。

　　老狼在两棵树下不断地奔波，它不知道先救哪只小狼崽好。最终，老狼累得气绝身亡。

　　老狼之所以累死，是因为它不想放弃任何个孩子。倘若它能守住一棵树，就可以救回其中一只小狼崽。也许我们会嘲笑老狼愚蠢，但是由于"布里丹毛驴效应"的作用，人往往比这只狼和小毛驴还要愚蠢。古人所谓的"用兵之害，犹豫最大；三军之灾，生于狐疑"就是这个意思。

　　生活这出戏剧永远没有结局，在矛盾迭起的过程中，我们必须学会选择。这些选择没有明确的是非观，也不可能猜中结局。在悬而未果的答案中，我们的选择意味着放弃。很多时候，选择的关键在于当初的果断与最终的坚持，而不在于选择的过程。如果你不想成为布里丹的那头小毛驴，最好不要局限于选择本身。

一旦决定就动手去做

美国思科公司总裁约翰·钱伯斯在谈到新经济的规律时说，现代竞争已经"不是大鱼吃小鱼，而是快鱼吃慢鱼"。现实正是如此，现代社会并不一定是你做得最好就会成功，机遇稍纵即逝，速度已经成为成功的关键因素之一，再好的决策也经不起拖延。成败已经不能仅仅以"大鱼""小鱼"论，而要看"快"与"慢"了，因此也就形成了"快鱼吃慢鱼"的结果。

1983年的一天，王光英看报时无意中看到了一条只有几十字的短讯，大意是说南美洲的智利有一批二手汽车要出售，关于汽车的型号、数量、价格、产地和使用程度，短讯中一概未提。

凭着商人的敏感，王光英预感到这个短讯中蕴藏着巨大的商业价值，但是当务之急是如何弄清这一消息的全部情况。于是，王光英立即与这家报社取得了联系。得到证实后，王光英又马上找来几个公司精英，让他们对这一消息进行高度关注，并进行顺藤摸瓜式的挖掘整理，以便进一步完整准确地把握这条信息。

几天之后，王光英得到了这一消息的最新报告：南美洲的智利有一家铜矿，矿主数月前订购了一批包括美国道尔奇、德国奔驰等著名品牌在内的各类型大吨位载重车、翻斗车等工程车辆，共计1500辆，但是前不久铜矿倒闭，矿主不得不折价拍卖这些新车偿还债务。同时他还获悉，这一消息已经被中国香港、智利等国家和地区的相关企业得知。

1500辆折价新车，这可是一笔大买卖。王光英没有丝毫迟疑，他立即派出了一个由专家与工作人员组成的派遣组飞赴智利。临行前，王光英还赋予了他们绝对的临时处置权。

　　经过认真验货，派遣组认为这批车辆各项指标都很令人满意，于是立即进入了实际谈判阶段。一番紧张地斗智斗勇之后，派遣组最终与矿主达成了以原价三八折的价格成交。仅此一项，就为王光英带来了7000万美元的巨额利润。

　　能够从一条"二手信息"中挖掘到7000万美元的利润，这中间固然与王光英的商业头脑有关，但是面对信息时的快速决断和迅速反应，尤其是给相关人员拍板权的这一举动，才是成就这笔大生意的关键所在。所以，在追求财富的过程中，高度灵敏的商业嗅觉固然重要，但当机立断、果断行事的魄力却更加重要，不可或缺。

　　有的人经常埋怨环境不好没法发挥自己的能力，有的人坚持要等到条件完全成熟再动手，有的人想等到自己有了一种积极的感受再去付诸行动，这样的做法其实是本末倒置。

　　我们在做一件事之前确实要做好准备，确实要创造良好的环境，但更重要的是做一件事的决心和行动，而不是空想。积极行动会导致积极思维，而积极思维会产生积极的心态，心态是紧跟行动的，你的内心怎样想，你就会采取怎样的行动，也就会产生怎样的结果。

第四章
墨菲定律的风险规避

　　"墨菲定律"给我们揭示了一个极其简单的道理，任何事物都有好与坏两个方面，既然事情有成功的可能性，那么也就有失败的可能性，这不是以人的主观意志为转移的。

　　既然我们认识到了事物的两面性，那么在工作和生活中，就应该让自己保持谨慎严肃的科学态度，竭力规避风险的发生。规避风险首先要树立自信心，克服不良心理，打破束缚自己的心灵枷锁；其次要拒绝平庸，居安思危，提高自己的综合素质；最后还要未雨绸缪，提前预防，最大限度地避免错误的发生。

明确自身定位，提升自信心

客观地认识自己，评估自己，对自己进行正确的角色定位，是做好工作，规避"墨菲定律"，使自己不犯错误或少犯错误的前提。同时，有了正确的角色定位，也能提升自信心，游刃有余地完成各项工作任务。

明确自己扮演的角色

角色一词原指戏剧、电影中的人物。演员在剧中扮演什么样的角色，其言行举止、心理活动必须符合所担当的角色形象。当人们在社会生活中充当不同角色时，其个性、心理倾向和个性心理特点受所任角色制约，自然而然地产生与角色相符的心理表现。这种因不同角色产生不同心理表现的心理现象，称为"角色效应"。

有对先后相差一小时出生的孪生姐妹，外貌长得极其相似，穿着打扮也一模一样，旁人常常因此而把她俩搞错。她们从小学、中学甚至大学都在同班学习，但性格却迥异：姐姐性格开明，好交际，责任感强，处理问题果断，较早地具备独立生活和工作能力；而妹妹则遇事缺乏主见，性格内向，不善交际，依赖性强。

为何父母相同，处在同一生活和学习环境、受到同样教育的姐妹俩，性格有如此反差？主要是她们在家庭生活中充当的角色不同。

按照世代相传、不成文的规矩：在多子女家庭，老大要时时处处做弟妹的榜样，对弟妹要谦让，对弟妹的行为负责。同时要求弟妹听兄姐的话，遇事需多与兄姐商量，因此老大的性格一般比较温和、持重。

这样，角色地位要求姐姐具有责任感，具备独立生活和交往的能力，充当妹妹的保护伞；妹妹则始终处在被支配和被保护的地位。长此以往，她们的性格特征当然就有了明显的差异。足见不同的角色会产生不同的心理效应。

角色与心理表现理应存在对应关系。若是两者之间是一致的，称作"相符角色"。例如，一个人，在提拔担任领导干部前，他只是一个普通职工，平时说话可能比较随便，对同事中一些不良现象碍于情面而不敢大胆批评等。但一旦提拔后，意识到领导角色的要求，于是努力改变那些诸如讲话随便、嬉笑失度等不合领导角色的表现，时时严格要求自己，原则性要强些，对于那些有违职业道德的行为需要直言批评。这就是相符角色。如果还是像一般工作人员那样，这就是角色与心理表现不相符。

这里有两种情形：一种是虽然角色与心理表现不相符，但其心理表现还是能为人们所接受，甚至受到称赞。例如，此人在担任领导后，一如既往与同事亲密相处，但不徇私情，坚持原则，虽然同事对这种"一本正经"感到不习惯，但还是受到大家欢迎。另一种是角色与心理表现不相符，同时又违背社会生活准则，如担任领导后，主观武断、处事不公、以权谋私等，那么理所当然受到谴责。

生活在社会上的每个人都扮演着多重角色，同时会有不同的心理表现。例如，一个中年人，在单位是领导，他会在行为上处事严谨，原则性强，注意自身形象；回到家里则是家长，对父母恭敬孝顺，对子女严格要求，并在子女面前以身作则，言谈举止温文尔雅，善于指导孩子；他在公交车上是个乘客，受到委屈时可能会与别人争吵，等等。为什么同一个人充当不同角色、处于不同地位会有不同的心理表现？这是受角色形象制约所致。

同理，我们在工作中，如果能扮演好自己的角色，知道自己有多大能耐，能够干多少事，工作就能游刃有余，就能少出事故，少犯错误。但如果我们不能正确定位自己的角色，做不了的事勉强去做，太简单的事又不屑去做，这样就容易出乱子、犯错误。

换句话说，在工作中，无论做什么事，都要使之与自己的角色相符，要能正确认识自己的能力。

认识自己，心理学上叫自我知觉。心理学研究表明，认为自己是怎样的一个人，比自己实际是怎样的人更为重要。自我认识正确，就能在心理上控制自己，使自己的行为恰到好处；否则，就像盲人骑马，不清楚自己的思想、行为到底该往哪个方向发展，必然处处碰钉子、犯错误。

真正做到正确认识自己，是一件很难的事情。在日常生活中，人不可能时刻反省自己，也不可能总把自己放在局外来观察自己。正因为这样的原因，人需要借助外界信息来认识自己。

但是，基于外界的复杂多变，人在认识自我的过程中很容易受到外界信息的暗示和干扰，往往不能客观地、真实地认识自己。通常情况下，不是抬高了自己，就是过低估计了自己。正所谓："旁观者清，当局者迷"。因此，不仅中国有"人贵有自知之明"的名言，古希腊著名哲学家苏格拉底也说过类似的名言："认识你自己。"

正确地认识自我

在日常生活中，我们可以通过以下几种途径来实现对自我的正确认识，扮演好自己应扮演的角色。

1. 学会面对自己，经常自我审视。要敢于面对自己，经常对自己在生活和工作中的表现进行评价与总结，进步之处要继续保持，不足之处要及时改善，了解自己在群体中所处位置的变化等。这些都是自我审视、自我提高的常用方式。

2. 善于收集信息，培养敏锐的判断力。从周围世界获取有关自我的信息，可以有效避免由主观意识所带来的偏差。例如，收集身边的人对自己的态度、评价来了解自我，认识自我。此外，还可以根据自己的实际情况，寻找各方面相当的人与之比较，发现自己的优势与缺陷。

通过这些方式，可以培养自我判断的能力，帮助我们客观地认识自己。生活中，有些人会故意诱发和猎取自己期望的评价而不在乎这些评价的真实性，这种做法不利于正确地认识自己，是非常不可取的。

3. 在成功和失败中认识自己。从成功和失败的事件中，我们可以获得宝贵的经验和教训，为了解自己的个性与能力提供准确的信息。越是在成功的高峰和失败的低谷，越能反映个人的真实性格。因此，想要正确地认识自己，就要在成功与失败中不断地去了解和发现。

4. 寻求专业机构的帮助。如今，许多相关的机构会提供性格、能力、职业倾向等方面的测试，他们会对测试的结果进行详细分析，可以为个人正确地认识自我提供有效的帮助。

缓解精神压力，克服不良心理

在日常生活和工作中，不良的心理因素是导致我们失误和犯错的最危险的敌人。心理专家常常根据人的性格的差异，把人分成两种类型：心理健康的人和有人格障碍的人。对于一个心理健康的人，往往能对任何事件做出积极的反应，而另有一些人总是与日常人们对待问题的情况相异，他们一般不能适应环境，待人接物、为人处世都给人一种怪怪的感觉，心理学上称这种人的表现为人格障碍。

人格障碍的主要表现

所谓的人格障碍，指的是有精神症状的人格适应缺陷。这种人对环境刺激做出不变的反应，在知觉与思维方面产生了适应功能的缺陷，或者出现对自己和社会都不公正、不恰当的行为模式。另外还有一种人格障碍指的是在没有认知过程障碍或没有智力障碍的情况下做出的情绪反应的不正常。

比如，一个过分失去理智的人，就因为抽象思维过分丰富发展变得没有认知能力，表现为没有情感、呆板。因此患有这种病的人往往不能正确认识社会对于我们自身的要求，也不能把握我们自身应采取怎样的行动；不能对周围环境做出恰当的反应，很难处理人际关系，很难和周围的人相处，易发生冲突；缺乏责任感，常常玩忽职守，严重时还会不顾伦理道德规范而做出违纪、违法等害人害己的行为。

有些人错误地认为人格障碍就是精神病。严格来说，人格障碍应算一种介乎于精神疾病和正常人之间的一种特殊阶段，不能将这种病人和"精神病"等同起来，他们只是一种特殊的群体。

由于有人格障碍的人的表现非常复杂，通常我们把他们分为三类：其一是行为古怪、特别、不正常，包括固执型、分裂型人格障碍；其二是感情强烈、易激动、不稳定，包括自恋型、攻击型、戏剧多变型、反社会型人格障碍；其三是不爱说话、易退缩，包括回避型、依赖型人格障碍。

人格障碍的共同特点

通常患有人格障碍的人都有一些共同的特点：

第一，大多始于青春期。

那些患有人格障碍的人，一般从儿童期就有所表现，尤其到青春期以后开始更加显著。人的年龄越小，性格的变动越大，小时候就能诊断出是不是得了这种病。

第二，心理紊乱不定和与人难以相处。

这个特征是有人格障碍的人最显著的特征。这种人行为怪异，无论是主动或是被动，像固执型、自恋型、攻击型，都难以与别人相处或是带来灾祸。

第三，怨天尤人，指责他人。

人格障碍者往往把自己所遇到的困难归因于命运的不公或把责任推到别的人身上，从来不从自己身上找原因，他们往往抱有一种悲观的态度，不敢去面对生活的各种挑战。

第四，缺乏责任感。

这类人往往缺乏一种责任感，极力推脱自己应承担的责任。他们从来不考虑别人的想法和处境，只顾自己。

第五，固执己见。

　　一旦他们对某事有了一种观点，就很不容易改变。他们将观点带到新环境，影响新环境的气氛。

　　第六，他总能扰人而已不乱，就算造成的后果伤及别人，搅得别人不得安宁，其自身仍会毫不慌乱。

　　第七，被别人告发或受到埋怨，才对自己的行为或怪癖有所觉察。他们不会主动地寻求别人的帮助。

　　每个人的人格障碍的行为程度也不尽相同。程度轻的，不易被人发现，他们完全过着正常人的生活，只有他的亲属或同事等关系亲密的人经过长时间的相处才会发现他们的怪异，发现他们很不好相处。程度严重的患者，总是与社会习俗格格不入，冲突激烈，很难适应正常生活。

　　经研究，人格障碍的形成有好多因素，但综合起来就是由于压力造成的。人格有相对的稳定性，一旦形成，要改变就得费很大工夫。然而只要加强自我调节，积极配合各种治疗，个人重视，积极缓解压力，人格障碍可以逐渐得到纠正。

　　人格障碍有自我评价障碍、行为方式障碍、情绪控制障碍等特点，常常表现为不能适应社会环境，不能及时准确地对外界信息做出反应，不能及时协调自己的行动，因而造成行为怪异、不合群。最好的治疗方法是经过各种训练，培养适应社会的能力，建立自信心，调整人与人之间的关系，积极发挥自身优点。

打破束缚自己的心灵枷锁

人世间的痛苦与欢乐永远是相伴相生的，失败与成功也永远是形影相随的。不能忍受失败的痛苦，也就不能迎来成功的欢乐。

多次的失败，便有多次的痛苦，而随着失败次数的增加，痛苦也愈来愈严重，给人们的心理造成的压力也就愈来愈大。失败的痛苦可能会使人陷入悲观主义的情绪之中，进而产生悲观厌世的思想。人皆有自己的失败和痛苦，但是不同的人对痛苦的承受力是不一样的。

痛苦也能磨炼人的意志，催人奋进，没有哪一个真正聪明的人会否定痛苦的锻炼价值。人生不可能永远是充满快乐的宴席，必定会有失败和痛苦的经历。最美丽的花朵常常是从最痛苦的土壤中绽开花蕾的。失败及其所带来的痛苦是磨炼人的意志、考验人的能力、锻炼人的才干的大好机会。痛苦能使人在失败后获得一种前进的巨大推动力，迫使自己去寻求超越失败和痛苦的途径与方法。

在失败之后，必胜心的恢复和保持是十分重要的。自信是对自我的肯定，失败是对自我的否定，必胜心则是对自我进行否定之否定之后才得以恢复和保持的。它是在经历失败的打击后，增强了挫折容忍力的基础上对自信的恢复。对于失败，乐观的人能很快寻找到重新开始的机会，而悲观的人则从此一蹶不振，在精神上彻底地垮了下去，二者之间的不同表现具有借鉴作用。

事业取得成功的过程，实质就是不断战胜失败的过程。因为任何一项事业，要取得相当的成就，都会遇到困难，遭受挫折和失败。例如，在工作上想搞改革，越革新矛盾越突出；学识上想有所创新，越深入难度越大；技术想有所突破，越攀登险阻越多。

遭受挫折和失败，有的人就徘徊不前，半途而废；有的人就唉声叹气，激流而退；有的人则悲观失望，自暴自弃。然而，错误和失败并不因为人们的不快、悲叹、惊慌和恐惧而不再光临。相反，害怕犯错误，害怕遭遇失败，却往往会犯更大的错误，遭受更多的失败。所以，对待错误和失败应该有科学的认识和正确的态度。

不要为失败寻找借口。如果你的目标不是天方夜谭，那么，成功的机会必定会出现。但是，失败也随时可能出现。你要做的是想方设法反败为胜，而不是因可能失败而给自己一个不求上进的理由。

思维的态度决定人生的高度。一个人能否成功，就看他的态度了。成功人士与失败人士之间的差别是：成功人士始终用最积极的思考、最乐观的精神和最有效的经验支配和控制自己的人生。失败者刚好相反，懦夫把失败当作借口，失败了就会产生悲观失望心理。他们的人生是受过去的种种失败与疑虑所引导和支配的。

环境决定了他们的人生位置。这些人常说他们的情况无法改变，总认为现在的境况是别人造成的。说到底，如何看待人生，由我们自己决定。纳粹德国某集中营的一位幸存者维克托·弗兰克尔说过："在任何特定的环境中，人们还有一种最后的自由，就是选择自己的生活态度。"

马尔比·巴布科克说："最常见同时也是代价最高昂的一个错误，就是认为成功依赖于某种天才、某种魔力，某些我们不具备的东西。"可是，成功的要素其实掌握在我们自己手中，一个人能达到什么样的高度，是由他自己的态度所制约。

　　曾有一个英国商人、一个法国商人和一个中国商人在一起侃什么是人生的幸福。

　　英国商人说："幸福就是你在一次艰苦的商务谈判后，真皮包里夹着一份签订了的合同；在一个阴沉沉的夜晚回到家，家里已经有一套柔软的睡衣、一双在熊熊的壁炉旁烘热了的拖鞋和一位满脸笑容的妻子在等待着你。"

　　法国商人说："你这也太不浪漫了。幸福其实是在一次外出旅行的路上，你遇到一个有着强烈热带风情的女子，和她愉快地相处了一个星期后，双方毫无遗憾地分了手。"

　　中国商人并不赞同他们的观点，坚持自己的主张说："你们说的都不对。幸福就是你在甜蜜的睡梦中，突然被一阵强烈的敲门声给惊醒了。你开门一看，发现是检察院的检察官领着一群法警。为首的检察官拿出一张逮捕令说：'老张，你因为在商业活动中触犯国家法律而被捕了。'法警跟着就把亮晶晶的不锈钢手铐亮了出来。这时你非常镇静地告诉他们：'对不起，老张不是我，他住在隔壁'。"

　　我们怎样对待生活，生活就怎样对待我们；我们怎样对待别人，别人就怎样对待我们；我们在一项工作刚开始时的态度决定了最后有多大的成功，这比任何其他因素都重要。难怪有人说道，我们的环境——心理的、感情的、精神的——完全由我们的态度来创造。

　　虽然有了积极的思维并不能保证事事成功，但是肯定会改善一个人的日常生活，这也许并不能保证一个人凡事心想事成；可是，相反的态度则必败无疑，拥有消极思维的人必不能成功。

　　一般而言，强者都具备自信气质。自信的人能够自然和自如地表达自己对别人的赞赏、好感和喜欢，也能够自然和自如地接受别人对自己的赞赏、好感和喜欢。不自信的人容易嫉妒，不希望别人超过自己；而自信的人则恰恰相反，能够大度而坦然地赞赏和接受别人。

幽默是一种自然而轻松的态度，也是一种敏感和智慧的表现。乐观的人都能以一种轻松、幽默的态度去生活。在日常生活言行中，他们会表现出轻松自如的神态。孔子说："君子坦荡荡，小人长戚戚。"即做"君子"的人心地平坦宽广，而做"小人"的则经常局促忧愁。

毫无疑问，乐观也是孔子之"君子"的基本条件，他们在日常生活中会表现得轻松自如，而不是终日陷入沉重抑郁之中。自信的人能够以一种幽默的态度面对具体的生活，包括生活中的失意、紧张和挫折；同时，他们也能够自然地发现生活中的幽默，能够在自己或别人身上发现并欣赏幽默。

换位思考，设身处地地理解他人

在为人处世的问题上，我们一直被灌输"严于律己，宽以待人"的思想。可是，真正能够做到的人寥寥无几。犯错之后，多数人会为自己找理由开脱，让人觉得所有的错误不是他导致的，而是别人造成的。有些错误是很明显的，但犯错的人依然会辩解。

这些"墨菲定律"的种种表现，其根源在于，这类人不懂得设身处地理解他人，换句话说，就是不懂得换位思考。

古希伯来有一个国王叫所罗门，是一个令后世敬仰的"有道明君"，据说他是一位有某种神力的传奇君主。关于他有一个广为流传的故事。

　　有一天，所罗门正在处理国事，有一对老夫妇闯了进来，老翁说他想要离婚。所罗门问："为什么？"老翁讲出了若干个理由。所罗门边听边点头，最后说："是的，你是对的，你们应该离婚。"

　　话音未落，老妇人强烈反对，说绝对不同意离婚。所罗门问她理由，她的"理由"比老翁还要充足。所罗门同样边听边点头，最后说："是的，你是对的，你们不应该离婚。"

　　这时，国王身边的大臣见国王如此断案，忍不住站出来反对说："大王，你不应该这样断案，你这样断案是不对的。"所罗门同样边听边点头，最后说："不但他们是对的，你也是对的，确实没有如此断案的，尤其是作为一个国王。"

　　这个故事启示我们在交往中"换位思考"的重要。所谓换位思考，就是要把自己设想成别人，从他们的角度考虑问题。很多时候甚至需要暂时抛开自己的切身利益，去满足别人的利益。其实，利益在很多时候是互相关联的，你能考虑别人的利益，别人也会考虑你的利益。

　　所罗门王之所以成为西方世界智慧的象征，不是凭空而来的。所罗门王在断案时，不仅用心地倾听，而且在听的同时把自己想象成对方，所以，他是从另一个角度去思考，这就是所谓的换位思考。而换位思考是有智慧的人所共同具备的素质。

　　因为所谓智慧在很大程度上是源于理解力的。一个人只有具备习惯于换位思考的素质，具有正常的理解力，这样，人家才愿意与你交流与沟通。

　　美国的开国元勋杰斐逊有一句名言："也许我不同意你的观点，但我誓死捍卫你说话的权利。"

换位思考再说明白一点，其实就是"移情"，去"理解"别人的想法、感受，从对方的立场来看事情，以别人的心境来思考问题。当然这样并不是很容易做到的。

换位思考不但需要转换思维模式，还需要一点儿探求他人内心世界的好奇心。真正的换位思考必然是一个"移情"的过程，要从内心深处站到他人的立场上去，要像感受自己一样去感受他人。

但不幸的是，许多人的换位思考却缺少了"移情"这个根本要素。他们或是站在自己的位置上去"猜想"别人的想法及感受，或是站在"一般人"的立场上去想别人"应该"有什么想法和感受，或是想当然地假设一种别人所谓的感受。

这样的换位思考，其实仍局限于自己设定的小圈圈之中，绝对无法体验他人真正的感受和思想。正如前面提到的那些犯了错误却不敢承认的人一样，他们之所以不愿意承认错误，是因为不能真正地换位思考。

这就牵扯到了一个普遍的心理。人们通常认为，犯错就应该接受惩罚，可当这个惩罚的对象变成自己的时候，都会本能地趋利避害，找借口辩解，避免惩罚，甚至把责任推给别人，死不承认。有些人自尊心太强，不允许自己出错，担心这样会影响自己的形象。还有的人是因为自卑，害怕被人看不起，所以才不敢承认。

没有人愿意犯错，但也没有人能避免犯错。犯错没什么可怕，重要的是肯承认错误。美国田纳西银行前总经理特里说过一句话："承认错误是一个人最大的力量源泉，因为正视错误的人将得到错误以外的东西。"

承认错误不是什么丢脸的事，从某种意义上来讲，它还是一种具有"英雄色彩"的行为。要知道，错误承认得越及时，越容易得到改正和补救，而且，自己主动认错远比别人提出批评后再认错更能得到他人的谅解。只要不是触犯法律等严重犯罪，一次错误并不会毁掉我们今后的道路，真正毁掉一个人的，是不愿意承担责任、不愿意改正错误的态度。

居安思危，摆脱水煮青蛙的命运

19世纪末，美国康奈尔大学进行了一个有趣的实验。他们将一只青蛙扔进一个沸腾的大锅里，青蛙接触到沸水，便立即触电般地跳到锅外，死里逃生。实验者又把这只青蛙扔进一个装满凉水的大锅，任其自由游动，然后用小火慢慢加热。随着温度慢慢升高，青蛙并没有跳出锅去，而是被活活煮死。

前面"蛙未死于沸水而灭顶于温水"的结局，很是耐人寻味。若是锅中之蛙能时刻保持警觉，在水温刚热之时迅速跃出，也为时不晚，就不至于落得被煮死的结局。这就让我们想起了孟子曾说过的一句话："生于忧患，死于安乐。"

一个人如果丧失了忧患意识，那么，就会像被水煮的青蛙一样，在麻木中"死亡"。所以，无论在人生的哪个阶段中，我们都要保持清醒的头脑和敏锐的感知，对新变化做出快速的反应。

不要贪图享受，安于现状，否则当你意识到环境已经使自己不得不有所行动的时候，你也许会发现，自己早已错过了行动的最佳时机，等待你的只是悲哀、遗憾和无法估计的损失。

　　漫漫人生路，我们都希望自己能一帆风顺，不希望遇到忧患与危机。但客观上讲，忧患与危机并不是什么可怕的魔鬼，当它们出现在我们面前时，往往能激发潜伏在我们生命深处的种种能力，并促使我们以非凡的意志做成平时不能做的大事。

　　所以，与其在平庸中浑浑噩噩地生活，不如勇敢地承受外界的压力，过一种更有创造力的生活。

　　拿破仑在谈到他手下的一员大将马塞纳时曾说："平时，他的真面目是不会显现出来的，可当他在战场上看到遍地的伤兵和尸体时，那种潜伏在他体内的'狮性'就会在瞬间爆发，他打起仗来就会勇敢得像恶魔一样。"

　　再如拿破仑本人，如果年轻时没有经历过窘迫而绝望的生活，也就不可能造就他多谋刚毅的性格，他也就不会成为至今为人们所景仰的英雄人物。

　　贫穷低微的出身、艰难困苦的生活、失望悲惨的境遇，不仅造就了拿破仑，还造就了历史上的许多伟人。例如，林肯若出生在一个富人家的庄园里，顺理成章地接受了大学教育，他也许永远不会成为美国总统，也永远不会成为历史上的伟人。

　　正是有了那种与困境做斗争的经历，使他们的潜能得以完全爆发，从而发现自己的真正力量。而那些生活在安逸舒适中的人，他们往往不需要付出太多努力，也不需要个人奋斗就能达到目的，所以，潜伏在他们身上的能量就会被遗忘、湮没。

　　我们都知道，未来是不可预测的，人也不可能天天走好运，正因为这样，我们更要有危机意识，在心理上及实际行为上有所准备，以应付突如其来的变化。有了这种意识，或许不能让问题消失，却可把损害降低，为自己打开生路。

一个国家如果没有危机意识，迟早会出问题；一个企业如果没有危机意识，迟早会垮掉；一个人如果没有危机意识，也肯定无法取得新的进步。那么，我们具体该如何在竞争激烈的社会中提升自己的危机意识呢？下面来看看闻名于世的福特公司的一个有趣做法。

福特公司以汽车制造闻名于世，为了提升员工的忧患意识，一次，公司别出心裁地摄制了一部模拟倒闭的电视片让员工观看。

在一个天空灰暗的日子，公司高高挂着"厂房出售"的招牌，扩音器传来"今天是福特公司时代的终结，福特公司关闭了最后一个车间"的通知，全体员工一个个垂头丧气地离开工厂。

这个电视片使员工受到了巨大震撼，强烈的危机感使员工们意识到只有全身心投入到生产和革新中，公司才能生存，否则，今天的模拟倒闭将成为明天无法避免的事实。

看完模拟电视片，员工们都以主人翁的姿态，努力工作，不断创新，使福特公司始终保持着强大的发展后劲。

事实上，福特公司的这种做法不仅对企业有深刻启示，对于其他行业的个人来说同样具有一定的借鉴作用。

在工作中，我们也应像福特公司的员工那样，时刻提醒自己只有全身心投入生产和革新中，公司才能生存，我们才有机会发展，否则，终将难逃被淘汰的事实。

当今社会的快节奏和激烈竞争，令很多人在35岁时遇到这样一个困惑：为什么多年来我一事无成？接下来的岁月我应该做些什么？在机会面前，许多人不敢贸然决定。因为他们从心理上理解了人生的有限，而自己也开始重新衡量事业和家庭生活的价值，于是产生了职业生危机。这就是著名的"35岁危机论"。

美国某公司的罗伯特先生，35岁时感觉到过去对工作、对自己的认识似乎有错误，而自己长期养成的行为习惯好像变成了事业的绊脚石。他想改变自己，又不忍心否定过去；想改变生活方式，又担心选的并不是最适合自己的。两年前，他终于下定决心放弃了这家公司副经理的职位，参加MBA考试并重回校园深造。

现在，完成学业的罗伯特先生在找工作时却犯了难。罗伯特先生业已投出上百份简历，但有回音者寥寥无几。罗伯特先生说，自己并不要求高起点的薪金，而只要求一个管理类的工作职位。然而他发现，社会上已经人满为患。

罗伯特先生曾读过一篇题目为《35岁，你还会换工作吗》的文章，文中专家说："社会对35岁以上的求职者提出了较高的要求，必须通过不断学习和更新知识，提高自身竞争力。"罗伯特先生很纳闷，我正是为了完善自己才去学习的，为什么反而让社会把自己挤了出去呢？

其实，像罗伯特先生这种工作以后又重返课堂充电，充电后再找工作重新迎接社会挑战的，已不仅仅是35岁的人才会面临的境况。有人甚至感叹："不充电是等死，怎么充了电变成找死啦？"

最关键的一点是我们要明白，人生的经历是积累的，不要以为学习充电后就无须面临社会"物竞天择，适者生存"的自然选择。以前的经历是你的宝贵财富，但这并不能让你在职场上永操胜券。千万不要有一劳永逸的期待，要时刻保持危机意识，告诉自己"一定要快跑，不够优秀在什么时候都会被淘汰"。

未雨绸缪，应对突发事件袭击

我们很多人，在平时工作时四平八稳、得过且过，从来没有危机意识，这样的人只要遇到一点儿问题，就会晕头转向、束手无策。如果我们对待工作的态度，像对待自己的身体一样，稍有不适，就及时治疗，就不会发展到无法医治的地步。及早地预见问题，将其消灭于萌芽状态，那么就不会有墨菲定律的市场了。

真正精明的人对自己所处的环境总是富有洞察力，一旦察觉到对自己不利的方面，在看出端倪时就会出手打压，将其扼杀在摇篮之中。否则，坐视其发展壮大到和自己旗鼓相当，甚至强于自己时，就会养虎为患，一切都来不及了。

在工作、生活中，学会未雨绸缪、防微杜渐，将一切不利的因素消除在萌芽状态，将自己的危险降到最低，无疑是明智之举。

未雨绸缪、防微杜渐是人生智慧。竞争之中，常常强调"冬天"的人，日子未必艰难；一直浸润在"春天"里的人，"冬天"或许会提前到来。

微软公司的创始人比尔·盖茨常说："微软离破产只有18个月。"居安思危是审时度势的理性思考，是在超前意识前提下的反思，是不敢懈怠、兢兢业业、勇于进取的积极心志。

世界著名的信息产业巨子、英特尔公司的前总裁安迪·葛洛夫，在功成身退之后回顾自己创业的历史，曾深有感触地说："只有那些危机感强烈，恐惧感强烈的人，才能生存下去。"

英特尔成立时，葛罗夫在研发部工作了19年。1979年，葛罗夫出任公司总裁，刚上任他立即发动攻势，声称在一年内要从摩托罗拉公司手中抢夺2000个客户，结果英特尔最后共赢得2500个客户，超额完成任务。

此项攻势源于其强烈的危机意识，他总担心英特尔的市场会被其他企业占领。1982年，由于美国经济形势恶化，公司发展趋缓，他推出了"125%的解决案"，要求雇员必须发挥高的效率，以战胜咄咄逼人的日本企业。

他时刻担心，日本已经超过了美国。在销售会议上，身材矮小，其貌不扬的葛罗夫，用拖长的声音说："英特尔是美国电子业迎战日本电子业的最后希望所在。"

危机意识渗透到葛罗夫经管理的每一个细节中。1985年的一天，葛罗夫与公司董事长兼CEO摩尔讨论公司目前的困境，他问："假如我们下台了，另选一位新总裁，你认为他会来取什么行动？"摩尔犹豫了一下，答道；"他会放弃存储器业务。"葛罗夫说："那我们为什么不自己动手？"

1986年，葛罗夫为公司提出了新的口号——"英特尔微处理器公司"，帮助英特顺利地走出了这一困境。其实，这皆源于他的危机意识。1992年，英特尔成为世界上最大的半导体企业。此时英特尔已不仅仅是微处理器商，而是整个计算机产业的领号者。

1994年，一个小小的芯片缺陷，将英特尔再次置于生死关头。12月12日，IBM宣布停止发售所有奔腾芯片的计算机。预期的成功变成泡影，一切变得不可捉摸，雇员心神不宁。

12月19日，葛罗夫决定改变方针，更换所有芯片，并改进芯片设计。最终，公司耗费相当于奔腾5年广告费用的巨资完成了这一工作。英特尔活了下来，而且更加生气勃勃，是葛罗夫的性格和他的危机意识再次挽救了公司。

在葛罗夫的带领下，英特尔把利润中非常大的部分花在研发上。葛罗夫那句"只有恐惧、危机感强烈的人才能生存下去"的名言已成为英特尔企业文化的象征。

居安思危方可安身，贪图安逸则会亡身。只有如葛罗夫那样充满危机意识，我们才能在激烈的竞争中保持不败的境地。每个竞争者都要把葛罗夫的例子装在心中，将"永远让自己处于危机与恐惧中"的话记在心中。只有时时提醒自己不断进步，才能在竞争激烈的环境中生存下来，开创出属于自己的艳阳天。

拒绝平庸，不做随波逐流者

随波逐流的人，一般都是平庸的人，而平庸的人在面对困难和危机时，往往只有退缩和逃避。一个人可以没有梦想，但不能不知道自己要做什么；可以身无长技，但不能随波逐流，成为没有个性的复制品。随波逐流者最终的下场只能是成为一个失败者。

"墨菲定律"之所以大行其道，正是因为有一大批随波逐流的人造成的。一般来说，做事有独立的见解，懂得变通，能够特立独行的人才能规避错误，远离失败，铸就人生的辉煌。

1850年，美国旧金山来了一大批淘金者。那时，这里已经是一个很热闹的地方，到处是熙熙攘攘、川流不息的人群。这些人大都衣衫褴褛、蓬头垢面，一副疲于奔命的样子。他们尽管种族不同、语言各异，但是满脑子里都在做着一个共同的美梦：淘金发财。

自从美国西部发现了金矿，便掀起了"淘金热"，世界各地希望"一夜暴富"的人都向这里涌来。在这川流不息的人群中，有一个叫李维·施特劳斯的犹太年轻人。他抛弃了自己厌倦的家族世袭式的文职工作，跟着两位哥哥远渡重洋赶到了美国来"发财"。

但现实并非李维想象的那样：这里淘金的人多如牛毛，淘金不是一件好做的事情。他是一个比较实在的人，心里盘算，做生意或许比淘金更容易赚钱，于是他就开了一间卖日用品的小店。

从德国来到美国，一切都是新的，既新鲜又是那样的生疏。要开好这个小店，他得向当地的美国商人学习做生意的窍门，学习他们的语言。

犹太人做生意天赋极高，他们自从被赶出家园之后，在世界各地流浪多年，就是靠他们高超的经商头脑，才在世界各地生存下来。李维也不例外。没过多久，他就成为一个地道的小商贩了。

一次，有位来小店的淘金工人对李维说："你的帆布很适合我们用，但如果你能用帆布做成裤子，就更适合我们淘金工人用了。我们现在穿的工装裤都是棉布做的，很快就磨破了。用帆布做成裤子一定很结实，又耐磨、又耐穿……"

说者无意，听者有心。一句话就把李维点醒了。他连忙取出一块帆布，领着这位淘金工人来到了裁缝店，让裁缝用帆布为这个工人赶制了一条短裤——这就是世界上第一条帆布工装裤。就是这种工装裤后来演变成一种世界性的服装——牛仔裤。

那位矿工拿着帆布短裤高高兴兴地走了。李维也已经考虑成熟了：立即改做工装裤。

成功人士的过人之处就在于能紧紧抓住很多偶然的东西，做出惊人的成就。李维就是这样：帆布短裤一生产出来，就受到那些淘金工人的热烈欢迎。这种裤子的特点是结实、耐磨、穿着舒适。大量的订货单如雪片般飞来，李维一举成名。

1853年，李维成立了"李维帆布工装裤公司"，大批量生产帆布工装裤，以淘金者和牛仔为销售对象。顾客的要求就像上帝的旨意，否则，就会在弱肉强食、优胜劣汰的市场中失去优势，甚至一败涂地。

李维对此是心知肚明的。从帆布工装裤上市的第一天起，他就没有停止过思考如何对自己的产品进行创新，哪怕是产品处于供不应求的状态，他还是不断从生活中发现问题，产生更新的创意。

他亲自到淘金现场，细心观察矿工的生活和工作特点，想方设法使自己的产品更能满足顾客的需求。为了让矿工免受蚊叮虫咬，他将短裤改为长裤；为了便于矿工把样品矿石放进裤袋时不会裂开，他将原来用线缝改为用金属扣钉牢；为了让矿工们更方便装东西，他又在裤子的不同部位多加了几个口袋等。

通过这些不断的改进和提高，李维的裤子越来越得到矿工的欢迎，生意更加兴隆了。后来，李维发现，法国生产的哗叽布与帆布同样耐磨，但是比帆布柔软多了，且更美观大方，于是决定用这种新式面料替代帆布。

不久，他又将这种裤子改缝得较紧身些，使人穿上显得挺拔洒脱。这一系列的改进，使裤子更受矿工们欢迎。经过不断地改进，牛仔裤的特有式样形成了，"李维裤"的称呼也渐渐改为"牛仔裤"这个独具魅力的名称。

都说犹太人聪明、最会做生意。东方不亮西方亮。淘金不成，可以选择"分金"，这样的手段的确高明。仔细想想，这为数众多的淘金者和我们为了生计而奔波的芸芸众生何其相似，在国内一度出现教师热、学医热、生物工程热……

一时间，人们不能冷静地分析，更别说用一颗平常心来面对这样不正常的社会现象。于是求学者趋之若鹜，结果只能造成某些行业的过度饱和。

人的一生应该是奋斗的一生，只要我们有自己的理想、不变的追求，不随波逐流，我们就一定能把自己平凡的日子过得无比精彩，万分幸福。

权衡利弊，提高选择的正确性

有个著名的心理学实验：假设你得了一种病，有十万分之一的可能性会突然死亡。现在有一种吃了以后可以把死亡的可能性降到零的药，你愿意花多少钱来买它呢？或者假定你身体很健康，医药公司想找一些人来测试新研制的一种药品，这种药用后会使你有十万分之一的概率突然死亡，那么医药公司起码要付多少钱你才愿意试用这种药呢？

实验中，人们在第二种情况下索取的金额要远远高于第一种情况下愿意支付的金额。我们觉得这并不矛盾，因为正常人都会做出这样的选择，但是仔细想想，人们的这种决策实际上是相互矛盾的。

第一种情况下，是你在考虑花多少钱消除十万分之一的死亡率买回自己的健康；第二种情况是你要求得到多少补偿才肯出卖自己的健康，换来十万分之一的死亡率。

两者都是十万分之一的死亡率和金钱的权衡，是等价的，客观上讲，人们的回答也应该是没有区别的。

为什么两种情况会给人带来不同的感觉，做出不同的回答呢？对于绝大多数人来说，失去一件东西时的痛苦程度比得到同样一件东西所经历的高兴程度要大。

对于一个理性人来说，得失的态度反映了一种理性的悖论。由于人们倾向于对"失"表现出更大的敏感性，往往在做决定时会因为不能及时换位思考而做出错误的选择。

一家商店正在清仓大甩卖，其中一套餐具有8个菜碟、8个汤碗和8个点心碗，共24件，每件都完好无损。同时有套餐具，共40件，其中有24件和前面那套的种类大小完全相同，也完好无损，除此之外，还有8个杯子和8个茶托，不过两个杯子和7个茶托已经破损了。第二套餐具比第一套多出了6个好的杯子和1个好的茶托，但人们愿意支付的钱反而少了。

一套餐具的件数再多，即使只有一件破损，人们也会认为整套餐具都是次品，理应价廉；件数少，但全部完好，就成为合格品，当然应当高价。

在生活中，人们由于有限理性而对"得失"的判断屡屡失误，成了"理性的傻瓜"。

北京工人体育场将上演一场由众多明星参加的演唱会，票价很高，需要800元，这是你梦寐以求的演唱会，机会不容错过，于是很早就买到了演唱会的门票。演唱会的晚上，你正兴冲冲准备出门，却发现门票没了。要想参加这场音乐会，必须重新掏一次腰包，那么你会再买一次门票吗？

另一种情况：同样是这场演唱会，票价也800元，但是这次你没有提前买票，你打算到了工人体育场后再买。刚要从家里出发的时候，你发现买票的800元丢了，这个时候你还会再花800元去买这场演唱会的门票吗？

与第一种情况下买演唱会门票的人相比，在第二种情况下仍旧购买演唱会门票的人绝对不会少，同样是失去了800元，为什么两种情况下会有截然不同的选择呢？

其实，对于一个理性人来说，他们的理性是有限的，在他的心里，对一枚硬币并不是一视同仁的，而是视它们来自何方、去往何处而采取不同的态度。这其实是一种理性的思考。

前景理论告诉我们，在面临获得与失去时，一定要以理性的视角去认识和分析风险，从而做出正确的选择。

人生就是无数道选择题串联而成的，当我们面临两个选择的时候，经常是左右为难，不知道该怎么选。当形势所迫，必须做出选择时，只好赌一把。结果，总是"逢赌必输"，选了错误的那一个。

对此现象，墨菲定律里早就提到过：当人们纠结于两个选项的时候，结果总是没有被选的那个是正确的。为什么这样的情况频频发生，却无法避免呢？我们需要了解一下内在的原因。

我们之所以纠结于两个选择，是因为它们各有利弊，且利弊看起来相差不多。倘若有明显的利弊差异，做选择就没那么难了。偏偏利弊对等，这就让人为难。

另外，事情都有两面性，在某个时刻看起来绝对有利的事情，依然隐藏着某些看不到的不利因素。

人都有趋利避害的本能，也会为了追求完美而犯优柔寡断的毛病。所以，当面对两个差不多的选项时，自然会纠结。人都希望自己能够得到最大的利，避免所有的弊，这种欲望会让人变得盲目和贪婪。在选项面前，看不清楚自己最想要的是什么，最适合的是什么。在婚恋和职业选择中，这样的情况很常见，很多人在做出选择后都后悔了。

有选择就会有舍弃，人们在选择过后，也会产生"没得到的才是最好的"的心理，进而让人觉得，没有选的那一个才是对的。那么，有没有办法打破这条墨菲定律呢？显然，答案是肯定的。

当面对两难的选择时，先别急着做决定，而是要去了解自己，找到自己真正的需要，认清楚自身的优势和特点，不要太贪心。在此基础上权衡利弊，选择适合自己的选项。这样的话，我们就能提高选择的正确性。

当然，做出决定之后，还要保持一个理性的头脑和健康的心态，不要总是去对比或是心存懊悔。既然做出了选择，就要好好珍惜和经营，而不是得陇望蜀。

坚定信心，不值得的事不做

在日常生活和工作中，我们常常会遇到这种情况：有的工作没有一点儿意义，可是为了消磨时间，我们总是不厌其烦地去重复它。例如，有些机关干部，上班时间总是"一杯茶，一根烟，一张报纸混半天"，他们也知道这种生活没有意义，但是却找不到有益的事去做，所以每天只好机械地重复。

还有一种人，热衷于表现。例如，自己是技术人员，却偏偏要去抢着打扫办公室，清洗污秽，为领导清洗茶杯等。他们不明白，这些事是有专人做的，不属于他们的工作。

做不值得做的事的不利影响

事实上，做了不值得做的事情，常会有许多不利的影响：

第一，会让你误以为自己在完成某些事情，其实却像将没有人听过或读过的论文列在履历表上一样，只是白费力气，沾沾自喜罢了。

第二，会消耗你的时间和精力，而你做这些事情所用的资源都可以拿来用在其他有用的事情上。

第三，不值得做的事情如果你做了，完成还好，假如没有达到预期的效果，可能会招致领导的不满意，还会说你不自量力。

第四，不值得做的事情如果你做了，可能会让你伤心，因为你废寝忘食地做完了，却没有人领情。

第五，不值得做的事情如果你做了，你会感觉很尴尬，特别是别人的事情你抢着去做了，那完全就是费力不讨好。

难道不是吗？这类人，做事的时候可能不太明白，但晚上临睡觉的时候反思一下，才发现当天做的许多事没有一点儿意义。

做值得做的事，成就自己的梦想

我们要想有所成就，就要清晰定位自己的人生，设立适合自己的目标。只有去做自己认为值得做的事情，去做适合自己个性与气质的事情，才有可能做好，才能够从中获得成就感。

在2006年公布的世界500强中，微软公司排名130位。1981年底，微软公司开发了PC的操作系统，成为当时IT行业的佼佼者。在这个时候，比尔·盖茨毅然决然想要进军应用软件领域，他认定微软公司不但能开发软件，还要能零售营销。他的这种想法很好，但是没有人去实现他这一思路，很多人都认为他的这种想法是空想，白费脑细胞，根本不可能实现。

微软公司在软件开发方面不乏人才，然而，在市场营销方面人才却少之又少。没有销售方面的人才，不要说占领市场，就连门都进不了。发掘人才是很多缺乏人才的企业最常用的做法，比尔·盖茨也不例外。

经过仔细搜索，他看上了肥皂大王尼多格拉公司的营销副总裁罗兰德·汉森。公司的高层管理人员对汉森很不放心，汉森虽然对营销很在行，但是他在软件方面完全是个门外汉。

比尔·盖茨看中的是汉森在营销方面的丰富知识和高超的技能，他坚信让汉森从肥皂转型到软件上来，总比让一个对营销完全不了解的人现学营销来得更快。

费尽心思将汉森挖到微软之后，比尔·盖茨让他坐上营销副总裁的位置，并让他全权负责公司的营销工作。

汉森到微软公司任职的第一天就给软件专家们上了一堂生动的营销课，他要求微软公司统一商标，在营销学上叫作统一品牌形象。在汉森的指导下，微软公司意识到统一商标的重要性。随后公司决定，以后公司所有产品均以"微软"为商标。于是，微软公司生产出的所有产品，都打着"微软"的品牌。

汉森任职后不久，"微软"被美国、欧洲，甚至全世界的人们所熟知，门外汉罗兰德·汉森，利用自己的知识和技能成功地为微软打开了通向世界的市场，用铁的事实证明了比尔·盖茨用人的准确性，这也使他成就了一番了不起的事业。

正确的人生定位，让我们觉得每天所做的事情都是值得的，都是自己想要去做的，只有心里觉得值得，才会用心去做，才有可能做好。

扬长避短是你选择职业的原则。在你雄心勃勃为事业而奋斗的过程中，不可能长期一帆风顺，必然会有不如意与挫折。家人、朋友的反对，其他不幸与打击，都会阻碍你实现心底的愿望。但一个人内心积蓄的热情，会在不同的领域例如演说、艺术、音乐或自己最乐于从事的行业中不可遏止地表现出来，就像长期酝酿的火山一样，终于磅礴喷发。

当然，在某些方面，你永远不可能有尽善尽美的表现，但这不是你的错，不要让它在你的思想中滋生蔓延。要知道，谁都不会一帆风顺，谁都有败走麦城的时候，这时候你需要做的是：坚持，坚持，再坚持。

认准自己选择的道路，一往无前，就像爱迪生选择搞发明创造，比尔·盖茨选择软件开发一样，坚持到底，才会有收获。

第五章
墨菲定律的积极效应

　　"墨菲定律"的存在对人们的思想观念和处事方式都产生了极大的改变，它使人们对事物的发展规律有了重新的认识，又总结出一套行之有效的积极效应。

　　"墨菲定律"的积极意义在于：错误只要不是最致命的，就有它的正面价值，就有改过自新的机会。它使人们对失败不再抱有恐惧的心理，并在无形之中时刻反省自己，如果你失败了，你将知道究竟哪种方式行不通，哪种方式行得通。另外，失败能提供给你实施新方式的机会，最终收获你所渴望的成功果实。

犯错不一定是一件坏事

害怕犯错是"墨菲定律"致命的魔咒，因为你越是害怕，它就越是会发生，但是，如果我们站在相反的立场来看这个问题，或者换一种思维去思考，认真地想一想：犯错就一定是坏事吗？

犯错并不一定是坏事

1929年夏天，波士顿红袜队一垒手卡尔·耶垂斯基成为棒球史上第15个击出3000次本垒打的人。传媒界对他十分注意，数百名记者在破纪录的前一个星期就开始报道他的一举一动。

曾有一位记者问道："耶垂斯基，难道你不怕这些注意力会使你失常？"耶垂斯基回答："我的看法是，在我的运动生涯中，我的打击数超出10000次，也就是说我有7000多次未能成功地击出本垒打。仅是这件事实就能使我不致失常。"

许多人认为成功与失败是相对的。事实上，它是一体的两面。以耶垂斯基为例，打击有打中与打不中两种情形。而他失败的次数比成功的次数要多两倍以上。换一句话说，正因为他有这么多的失败才造就了他的成功。

这同样适用于创造性思考：它能孕育出新创意，也会产生错误。然而，仍有许多人不喜欢犯错。我们的教育制度采用寻找"正确答案"的观点来培养我们的思考能力，使我们的思考更加保守。从小时候起，我们就被教导要寻找正确答案。正确答案才是好的，不正确答案是坏的。这种价值观深植于学校的奖惩制度中，如：

90分以上的成绩为优，80分以上的成绩为良，60分以上的成绩为及格，低于60分的成绩为不及格。

这种制度，让我们在考试时学会要尽可能答对，最好不要答错。也就是说，我们从小就有了"犯错是坏事"的观念。

每当出现错误时，我们通常的反应是："太不应该了！"你知道即使一点儿微小错误，也会对你不利时，你会牢记不可犯错。更重要的，是你学到了不要置自己于失败之地，于是形成了保守的思维模式，耻辱成为社会给予"失败"的定义，大家都争相避免。

例如，有一个年轻人刚从大学毕业，却很长时间找不到一个工作。后来，他到心理诊所咨询，发现他的问题在于他不懂得接受失败。他接受十几年的学校教育，各项大小考试从未不及格过。这使他不愿意尝试任何可能招致失败的方法。他已经被塑造成相信失败是坏事，而不是产生新机遇的潜在垫脚石。

瞧瞧周围，有多少人因为害怕失败而不愿尝试任何新事物，许多人都牢记不可在公众场合犯错，结果错过了许多学习机会。

错误并不一样，有些可能毁了你。想想看，假如你站在马路快车道上或把手放到开水壶里，一定会大吃苦头。此外，工程师设计的桥梁倒了，股票经纪人让顾客赔钱，以及设计广告稿的人打出的广告反使销售量减少，那么他们的工作都不可能维持太久。

幸好，大多数错误不致如此严重。反而，过于相信"犯错是坏事"，会使你孕育新创造的机会大为减少。因为在创造萌芽阶段，犯错是创造性思考的必要副产品。

　　如果你对是否获得正确答案十分在意，而不在意能否激发创意，那么你可能会误用取得正确答案的法则、方法和过程。你可能会忽视了创造性过程的萌芽阶段，仅会花少许时间去证实假设、向规则挑战、提出"假如"问题，你也可能仅注意难题而不去深入思考。如此，所有的思考技巧都会产生不正确的答案。

错误有其潜在价值

　　从另一方面看，有创造力的思考者会了解错误的潜在价值，然后他会利用这错误当作垫脚石，来产生新创意。下面是关于汽车天才凯特林的故事，这个故事说明了经由错误假设得到好的创意的工作精神。

　　1912年，当汽车工业正开始发展时，凯特林想要改进汽油在引擎内的使用效率。他的难题是汽车的"爆震"使汽油要在一段长时间后才能在汽缸中燃烧，因而降低使用效率。

　　凯特林开始想办法除掉爆震，他想："要怎么样才能使汽油在汽缸里提早燃烧呢？"这里的关键字眼在"提早"。他想研究类似情况，便到处寻找"提早发生的事物"模式。

　　他想到历史模式、心理模式以及生物模式。最后他想起一种特别植物，蔓生的杨梅，它是"提早发生"的，即它在冬天开花，比其他植物提早。杨梅的主要特性之一是它的红叶子可以保留住某波长的光线。而凯特林认为一定是红颜色使杨梅的花提早开放。

　　凯特林的连锁思考进入重要步骤。他自问："汽油要怎样才能变红色？也许在汽油里加红色染料，就会提早燃烧。"他在工作室找了半天，找不到红色染料，倒是找到一些碘，于是他把碘放在汽油里，居然引擎不发生爆震了。

几天后，凯特林想要确定是否是碘的红颜料解决了他的难题。于是他拿一些红颜料放进汽油里，结果什么事也没发生：凯特林这才了解不是"红色"解决爆震问题，而是碘所含的某种成分除掉了爆震。

这个案例显示错误是产生新创意的垫脚石。假如凯特林早知道仅仅"红色"不能解决问题，那么他可能不会在汽油里加碘，也不会意外地找到解决方法。

错误能提示转变方向

错误还有一个好用途，即能告诉我们什么时候该转变方向。比如现在你可能不会想到你的膝盖，那是因为膝盖好好的。但是假如你折断一条腿，你会立刻注意到你以前能做且视为理所当然的事现在都没办法做了，你必须想出另一个新方法。

事实上，我们是从尝试和失败中学习，而不是从正确中学习。假如我们每次都做对，就不需要改变方向，我们只要继续沿着目前的方向，直到结束。

某家广告公司的创意总监说，除非有一半时间都失败，否则他不会快乐。他这样说："假如你想做个创意人，就需要犯很多错误。"

一家发展迅速的电脑公司的总裁告诉员工："我们是发明家。我们要做别人从未做过的事。因此，我们将会产生许多错误。我给你们的劝告是：'可以犯错，但是要快点儿犯完错误。'"

银行业也有相同情形。据说如果贷款经理从未放过呆账，就可以确定他做事不够积极。IBM的创始人汤玛士·华生有类似的话："成功之路是使失败率加倍。"因此，至少我们可以说，错误是脱离常轨和尝试不同方法的指标。

大自然是提供以"试误法"来进行改变的绝佳实例。每一次基因繁殖时产生错误，就会有遗传上的突变发生。在大多数的情况中，这些突变对物种有不利影响，使其遭到自然选择的淘汰。但是偶尔会产生对物种有利的突变，且会遗传给下一代。地球上之所以有如此多的生物乃是这种试误过程的结果，如果原生的阿米巴虫不产生任何突变的话，哪有今天的你我呢？

如何才能避免犯错

我们都希望把事情做对，可是，错误又无处不在，那么，如何才能避免犯错，做出正确的决定呢？在还没有阐述做决定的方法时，先让我们来研究一下思考的过程。

在此所谓的"思考"，是指认真考虑解决日常生活问题的办法。下决心时，你一定要有信心，要相信自己这么做绝对没问题。犹豫不决或者是情绪不稳定，只会影响我们的判断。不过这种精神负担也有它的好处，它能够使我们了解什么才是正确的判断，并且在做了错误决定后很快地把它纠正过来。

我们在处理日常事务的时候，往往会碰到两种情况，一般性的问题只要凭经验就能解决，而重大事件则需经过冷静思考后才决定。一般性问题由于情况固定，我们只需按照常理判断，便能找出解决的方法。可是决定重大事件时的情况就不同了，我们必须考虑得很多。譬如：有没有必要改变现状，是否采取应变措施，以及从何处着手等。处理重大问题的方式，往往会因人而异：也许是提高公司的生产量，改变组织或者是改变投资对象，重新训练职员或推销员……

做重要决定时，发现问题比找出正确的解决方法更为重要。因为不了解实际状况所做的决定，不足以真正解决问题。而且，我们的原则是，经过决定后实施的一连串措施，必须能够发挥它们最大的效用。不论是对公司、家庭以及其他组织而言，"管理"这一名词并非只是理论而已。因此，那些纸上谈兵的方案或者是异想天开的计划还是尽量避免为妙。

坦白地说，决定的准确性是没有标准的。因为往往在进行的过程中，会旁生出许多令人料想不到的枝节。打个比方吧：假如你是一家公司的业务经理，你必须由众多推销员中选出一位足以担当大任的人才。

也许你有识人之明，很快就找到了理想的人选。但非常遗憾的是，这个"宝贝"竟然在受训后向你提出辞呈。原因是他的太太最近继承了一大笔遗产，他们想趁此机会自己出去打天下。于是，你的心血在一刹那间成为泡影。

尽管你会为了这件事情而沮丧，但你仍旧应该对自己充满信心，因为你所做的决定是正确的。如果真要挑错，那只能怪你不是神，无法预测未来罢了。不过，你倒是可以由这件事学到一点教训，它可以帮助你以后做出更好、更准确的决定。

有时候看问题的表面，尚不足以发现真正的问题。因为我们往往会把问题发生的初期症状看得无关紧要。比方说，当我们发觉公司里的人际关系有点不对劲时，或许会以为是个别人出了问题，而事实却显示真正的问题出在经营者本身以及销售计划的失败。

因此，当你要决定某一应变措施的时候，必须先查明问题发生的真正原因，并使它明朗化。如果时间允许的话，你还可以全盘调查并详加检查。但是，如果没有把真正的问题找出来就决定如何改进，或者盲目地采取措施的话，是最愚蠢的做法。

事实上，若是能够找出问题，已经可以说是把问题解决一半了。

因为企业经营的问题，可不比工厂生产线上输送带在何处停顿那般显而易见。有时候明知道员工请假次数太多是发生问题的征兆，但却找不出真正的问题出在哪里。仔细分析过问题后，你就会发现请假次数多，意味着工人缺乏责任心，于是解决的重点应放在提高员工的责任感上。

不过，像这样正确地抓住问题核心的时候应加倍小心，因为稍不留心会使小问题发展为大问题。这时最好能把每个问题列出来，逐步讨论后慢慢地处理。若是事先已明白问题关键所在，就要把它写出来。这样做的好处是能够使你的头脑不断地思索如何处理它。

犯错后的解决方法

一个问题发生后，可能有很多种解决方法，所以不要轻易放弃任何一个你所想出来的办法。尽可能客观地决定哪一个方法较适宜，倘若发觉自己的意志受情绪以及外在压力的左右，无法保持客观态度时，应暂时停止你那忙碌的心，不要着急下判断，因为此时你所做的判断必定是漏洞百出。

下面举出六条原则，以供读者站在客观立场判断问题：

1. 问问自己能否真正解决问题？

2. 你所做的决定是一劳永逸的办法吗？

3. 是否真能收效？

4. 执行这个方案需要多少费用？

5. 自己或公司能否负担起这笔费用？

6. 大家的意见如何？

一位经营者最主要的工作，就是在最后如何下决定。往往他所做的决定会直接影响整个公司的前途，所以不得不慎重行事。偶尔当你做出高人一等的决策时，最好把它当作是侥幸，因为唯有如此，才能使你自己更谨慎，更成功。

假如是经过种种尝试后，仍找不出合理的解决办法，最好能试着把几个方法组合起来使之去芜存菁，保留最好的，针对问题一步一步地修正，使之成为最好的解决方案。

为避免在解决困难问题时受情感或外在压力的左右，下面几条原则可以帮助你做一个理智的抉择：

1. 不要妄下断言，按部就班地由事情发生的过程中找出解决办法。

2. 尽量避免感情用事。

3. 压力太大的时候，稍微休息一下，因为不如此，你往往会做出不该做的决定。

4. 和自己的意愿对照一下，看看自己所做的决定是否违背心意。

5. 为了切合实际，不要嫌麻烦，再检查一遍。

6. 不要冲动地去做，把问题和其他有关系的事情再通盘考虑一下。

7. 只要方法正确，虽然不合你的心意，也应该照着去做。

经过慎重考虑所做的决定，应立刻去实行。若是进行得很顺利，足以证明你的判断是正确的。但如果中途发现意料之外的困难，则应立即回到决定的阶段，再进一步地考虑问题究竟出在哪里，然后从另一角度找出可行的办法。

"我找出来的是不是真的问题呢？"这一类的想法，最好早一点儿把它们踢掉，因为你怀疑，就代表着你还没有找到真正问题。前面曾经说过，要把问题的关键找出来。因为无论你选出多么理想的解决方案，如果没有认清问题发生的原因，自然是白费力气。

请牢牢记住一点：无论你做的是什么样的决定，最重要的还是去实行。在做决定的时候，不要让太多人的意见掺杂进来，因为这样反而会混淆了你的判断力。不过在即将付诸实行的时候，你应该让参与此项工作的人早一点儿知道进行的程序，然后发表个人的看法，这对做最后决定是有益的。

因此无论如何，最接近整个解决计划核心的人，应该是要去实行的人，也正因为他了解整个计划，所以能帮你指出你没有注意到的细节，也许是一时疏忽而漏掉的问题。

在现代企业经营上，经营者应致力了解整个计划决定的过程，并深入探讨其范畴及正确的解决方法。同时还要具备随机应变的能力。若能充分了解整个计划的决定过程，当属下因某一点疑问来询问你时，你才不会手忙脚乱，随便找一个理由来搪塞。

发现问题的处理要诀

现在总结一下前面所提出来的几个要诀，这是处理一些问题时的特效药：

一是找出问题发生的原因。找出问题发生的原因并使其明朗化，是解决问题的一个重要的关键，因为如果我们不了解问题发生的原因，也就无法解决问题。比如说，当你开车出门的时候，走在半路上，车子突然间开不动了。这时你是不是会立刻采取应变措施呢？倘若经过检查，发现是汽油用光了，那么把油灌满了问题也就解决了，但假如不是汽油用光了呢？那么你恐怕就要费好大的一番工夫把车子检查一遍，然后才能找出问题所在了。

有时候你掌握的信息越多，越容易解决问题，因为没有比较，往往不容易明了问题发生的真正原因，同时还可能延误了处理的时间。

所以为了明白事情发生的经过，我们平时必须注意收集相关资料，而且要收集得很完备。

二是制定出解决问题的方案及方针。研究问题所在，然后制定出问题的解决方案及方针，必须抓住整个问题。假如有必要可与部属互相研究，确定问题关键后，才移至下一步骤。

有的时候，解决办法并不是只有一个。因此，过去的经验往往能帮助我们。假如是相同的问题，那么可以把以前实行过的，而且是有百分之百成功率的方法提出来再使用一次。但如果是头一次碰到棘手问题的话，就必须详细考虑，然后注意其对其他工作人员的影响。

三是彻底推行解决方案。辛辛苦苦决定了的方案，倘若没有确实地推行，岂不是白费力气？至于实行方案的程度，可以视整个计划的情况而定。无论是自己一个人单枪匹马地去做，或者是几个人一起进行，只要对整件事有帮助，都值得一试。

自己以种种方法尝试着做做看，仍然会有一些如"这件事要交给谁去做""什么时候进行较恰当"等问题存留着。

四是观察工作进行得是否顺利。已经到了这个阶段时，你仍不可掉以轻心。因为这正是处理问题最重要的一个阶段。详细检查所有行动的结果，假如一切顺利的话，就万事大吉了。倘若还残留着一些问题，那么应该再深入检查一次，找出失败的原因。

这种毫不放松的态度，在刚开始进行计划的时候就应该具备，并且还要一直保持到工作圆满结束为止。

如果是把工作交给部属去办，也应严加督促。

当你完全把恼人的问题解决掉后，那些因此连带蒙受其惠的人都会感激你。而且当你把一件困难的工作完成后，上司也将改变对你的印象。由于他的提拔，你也许还可能平步青云。假如你正经营一家公司，那么这种妥善处理麻烦问题的能力，将使你的部属、朋友、邻居以及有金钱来往的银行、客户对你重新评估，并从心底里佩服你。

敢于犯错才会少犯错

错误是这个世界的一部分，与错误共生是人类不得不接受的事实，而且错误并不总是坏事，犯错误往往是成功的垫脚石。因此，要勇于尝试，敢于犯错，关键在于要总结所犯的错误，而不是企图掩盖它。其实，在很多情况下，错误并不是什么坏事，"墨菲定律"一样可以带给我们有益的启示：

最大的错误是不去尝试

有些人一辈子躲在别人身后，得过且过，别人怎么干，他就怎么学，这样的人确实不会犯错，但问题是，不犯错也不会创新，不创新世界就不会发展，社会就难以进步。正如"墨菲定律"所言，"正确答案"本身就是不可靠的，真理并不是永远都只在少数人的手中。

如果你不想因此而遗憾终身的话，那么加强你的"冒险"力量，我们每个人天生都具有这种能力，但必须常常运用，否则就会退化，直至我们变为一个真正的"胆小鬼"。

可以犯错，但是不要犯低级错误

我们可以把"犯错误"看成是"获得成功"的成本，并且是合理的和必要的，但最好少一些，毕竟你我皆凡人，经受不起太沉重的打击，没有太多的能力为严重的错误"买单"。

但是，这并不是说我们就必须缩手缩脚，而是应该善于从错误中学习，吸取经验，为我们以后的道路打好基础，否则我们所犯的错误还有什么价值呢？爱迪生经过上万次"错误"，发现了制造电灯的正确方法，相反，那个在同一个地方跌倒两次的人却是真正的傻瓜。

把握真正的问题

当错误发生时，人们很容易被一些表面的现象所迷惑，看不到错误的真相，真正的问题也就被掩饰起来了。坦白地说，决定的准确性是没有标准的。因为往往在进行的过程中，会旁生出许多令人料想不到的意外枝节，这就是为什么说"计划赶不上变化"的原因。

我们所能做的，就是在把握可知信息的情况下，对各种因素和可能性做出理性的评估和选择。大致的流程是：

1. 尽量收集资料，找出问题的原因。

2. 衡量资料的重要性，并找出应对的方法。

3. 按照正确的方法去做。

4. 观察事情进行得是否顺利。

尽量减少中间环节

根据墨菲定律我们可以推出：一个简单的计划或制度不一定是好的。但一个复杂的计划一定是坏的。因为"犯错误"的可能性无处不在，万分之一的可能都足以导致一个错误的发生，这是我们每个人都知道的道理，更何况环节越多，危险性就可能越大。

这一点在军事史上可以得到最好的注解。一支军队的指挥系统越复杂、层次越多，机动性和战斗力越差。叠床架屋，相互牵制的系统之间的争吵和扯皮，推卸责任，严重阻断了信息的传递，并制造大量垃圾信息，是错误和灾难的温床。因此我们不得不对这一点进行防范，记住哲学家的忠告："简洁即是美。"

自然法则神秘莫测，我们必须保持谦恭的态度。人永远也不可能成为上帝，当你妄自尊大时，"墨菲定律"会叫你知道厉害；相反，如果你承认自己的无知，"墨菲定律"会帮助你做得更好一些。

挖掘潜力，减少错误的发生

"墨菲定律"认为，一件事只要有可能出错，就一定会出错。与错误共生是人类不得不接受的命运，其实，在很多情况下，错误会给人们带来有益的经验或尝试。那么，我们为什么不能总结经验教训，把犯错误的压力变成改正错误的动力，从而减少错误的发生呢？

人都是有惰性的，他们在不知道"墨菲定律"的时候，或许会懵懵懂懂地犯错，但是，当他们知道了"墨菲定律"的危害后，会紧绷头脑中将犯错误这根弦，努力去避免错误或杜绝错误，竭力使自己做得更好。这其实与管理学上的"马蝇效应"有异曲同工之妙。

"马蝇效应"认为，再懒的马，只要身上有马蝇叮咬，它就会立即抖擞起精神，飞快地奔跑。"马蝇效应"源于美国总统林肯的一段有趣的经历。1860年，林肯赢得大选后开始组建内阁，一个叫作巴恩的大银行家看见参议员萨蒙·波特兰·蔡思从林肯的办公室走出来，就对林肯说："您千万不能让蔡思进入您的内阁。"

林肯问："你为什么这样说？"巴恩答："因为他本想入主白宫，却败在您的手下，他肯定会怀恨在心。"林肯说："哦，明白了，谢谢。"但是，出人意料的是，随即林肯就把蔡思任命为财政部长。

　　林肯就任后，有一次，他接受了《纽约时报》的亨利·雷蒙特的专访。在专访过程中，雷蒙特问林肯为什么要把这样一个劲敌安置到自己的内阁中。林肯给他讲了一个故事作为回答。

　　林肯少年时和他的兄弟在肯塔基老家的一个农场里犁玉米地。林肯吆马，他兄弟扶犁，而那匹马很懒，慢腾腾地走走停停。可是，有一段时间，马却走得飞快。林肯感到奇怪，到了地头后，他发现有一只很大的马蝇附在马身上，就随手把马蝇打落了。

　　他兄弟抱怨说："哎呀，你为什么要打掉，正是那家伙使马跑起来的啊。"

　　讲完这个故事，林肯对雷蒙特说："现在，你知道为什么我要让蔡思进入内阁了吧？"

　　林肯把一个时刻威胁着自己地位的政客引入内阁，就是希望自己能像被马蝇盯上的马一样，不停地总是往前跑。

　　马蝇叮咬马，马才会跑得飞快，人其实也一样。心理学家研究发现，与站立相比，人们更喜欢坐着，因为人的本质是喜静不喜动，这是由人内心寻求安逸的天性决定的。

　　有人曾经这样说："安逸、舒适的生活足以毁灭一个天才。"的确，无数的例子证明，过于安逸的生活能消磨掉人的斗志，并在日常琐事中将个人的才华、潜力消耗殆尽。

　　日本本田株式会社创始人本田宗一郎提出一个观点，一个优秀企业的员工基本可以分为三类：20％的骨干型人才，60％的勤勉型人才以及20％资质平平的普通员工。但是，公司不可能一刀切地将那20％的普通员工裁掉，因为那样做的管理成本太大。而且这20％的员工也不都是"蠢材"，他们只是缺乏进取心、甘于平庸而已。

后来，本田宗一郎受"马蝇效应"的启发，决定从人事方面改革，激励这些普通员工。经过周密的计划和努力，本田宗一郎找来了这样一只"马蝇"，原松和公司的销售副经理、年仅三十五的武太郎。本田宗一郎选择武太郎，正是因为看中了他"雷厉风行的才干和刻薄无情的管理风格"。

武太郎接管本田销售业务后，因其极度严厉、近乎苛刻的管理风格几乎遭到了所有员工的痛恨，但是痛恨之余，却不得不打起十二分精神投入到工作中，原因在于武太郎的综合能力极强，他可以开除掉任何一个他觉得拖了部门后腿的人，而不让部门业务受到任何影响。

在这只"大马蝇"的叮咬下，那20%的普通员工爆发出了惊人的潜力，公司销售额直线上升，公司在欧美市场的知名度也因此不断提高。

人都是"激"出来的，因为如果没有外力的刺激或震荡，许多人都会四平八稳、舒舒服服、得过且过地走完人生之路。那些优秀的人才固然能力出众、天赋过人，但是，许多算不上优秀的庸才却未必真的平庸，很可能他们只是缺乏激励，没能把自己真正的潜力发挥出来而已。

因此，想取得成功，我们要学会主动接受外在的激励，让外在压力变成内在的动力，挖掘出潜藏于自身的真正的实力。

关注细节，减少工作失误

　　成败源于细节。生活常常是由一件件琐碎的事情组成，然而，这些琐事如若不认真处理，就有可能给你带来很大的困扰，甚至酿成大祸。古人常说的"千里之堤，毁于蚁穴"就是这个道理。所以，细节不容忽视。细节可以影响别人如何看待你以及对自我的看法，细节的展示可以让你以专业的水准与别人进行交流和沟通，展示你处理事务的能力。

　　一些细节，多数人并不在意或者根本没有意识到，而当真正重视起来的时候却是悔不当初。细节不仅决定成败，更决定了人的一生，所以，你不得不重视细节。大到企业，小到一个人，从做人到做事都需要关注细节，从一点一滴的小事做起，只有这样，才有可能成功，因为机遇也藏在细节之中。

　　张经理在一家大型外贸公司当部门经理。2018年下半年，本地一所高校的几个外贸专业毕业生来公司实习。实习结束时，请示总经理后，张经理把一个姓王的同学留了下来。张经理为什么独独把他留下来呢？原来，这个小伙子几个特别的细节之处打动了张经理的心。

　　正式实习的那一天，张经理向同学们介绍部门的成员和同学们的分工。其中老陈是公司的老业务员，年龄偏大。其他同学都跟着员工喊他"老陈"，而小王一直很尊敬地称他"陈老师"。还有小王不像其他同学那样无所事事，他主动见事做事，跟着同事跑银行和商检交单，到海关报验，即使在大热天乘公共汽车去也毫无怨言。

他说："我多跑一个地方，哪怕只是一个简单的交接单的过程，也会让我熟悉这个工作的环节。出了差错，请示老师后，现场改正也是一种学习的机会。"

有好几次，老陈接国际长途，小王就默默地坐在一边"旁听"，细心地揣摩他如何同外商交谈。有时则悄悄地给老陈递支笔，或续上水，或记录一些数据。这些细小之处，既给老陈带来了工作上的便利，也表现出新人对"前辈"的尊重。这些细节张经理看在眼里，就对小王产生了好感。

小王一毕业，张经理就委托公司人事部为他办好了手续，从而使他顺利地完成了实习——毕业——求职的"三级跳"。

这就是细节的魅力。一位管理学大师说过，现在的竞争，就是细节的竞争。细节影响品质，细节体现品位，细节显示差异，细节决定成败。在这个讲求精细化的时代，细节往往能反映你的专业水准，突出你内在的素质。灿烂星河是因无数星星汇聚，丰功伟业也是由琐碎小事积累，让我们不吝从小事做起，把小事做精，把细节做亮！细节也能成就一个人的成功。

"魔鬼存在于细节中"，任何一个战略决策和规章法案，都要想到细节，重视细节。任何对细节的忽视，都可能导致决策失误。美国电信决策失误，导致宽带网进入居民家庭缓慢，就是个例子。

美国是全球因特网革命的领导者，但宽带目前在居民家庭中的普及率并不高。据统计，在韩国，近2／3的家庭拥有宽带接口，而且宽带网的平均速度达到每秒3兆，是绝大多数美国宽带系统的2倍左右；在日本，有40%左右的家庭在2003年年底也已采用宽带上网，速度快到每秒12兆。而在美国，接入宽带的用户只有15%，而且宽带网的速度也比韩国慢一半，绝大多数因特网用户仍在拨号上网，无法享受资讯革命带来的成果。

造成美国在宽带上发展缓慢的原因并不在于基础设施不健全。其实，美国有80%～90%的人口都已经在宽带接入的覆盖范围之内，只是宽带接入却在即将进入用户的所谓"最后一英里"阶段碰到了障碍。这虽有经济、技术等方面的因素，更重要的在于决策的失误。

美国以1996年颁布的新《电信法》为基础的宽带政策规定：美国各地方电话公司必须将其网路拿出来供宽带运营商共用，意在通过这样的管制，鼓励DSL（数字用户线路）等采用电话交换系统参与宽带业务领域的竞争，以大大降低"最后一英里"的连接费用。然而，这一政策忽视了一些细节问题，成为阻碍宽带网入户的重要原因。

在几年前，网络建设过热，美国曾出现"跑马圈地"的宽带建设热潮。出于对电信容量将迎来爆炸式增长的期待，电信业投资旺盛，然而宽带业务却一直未能形成足够的需求，结果导致电信能力过剩。电信业入不敷出，无法收回投资，日子很不好过，世通、环球电讯等电信巨头申请破产。

受政策上"最后一英里"障碍的限制，大量闲置的宽带主干网络未能接入用户家庭。因为与窄因特网不同，宽带入户需要更多的设备建设投资。美国各地方电话公司出于自身利益考虑，不愿意花钱铺设线路而让他人坐享其成，而参与竞争的宽带网运营商因网络泡沫破灭，本来就自身难保，无力投入巨额资金。

此外，宽带政策中的混乱与不统一，也影响着宽带最大限度地进入居民用户，如对于以有线电视方式提供宽带服务的运营商，就不要求其与竞争对手分享网络设施；而整个宽带业务行业与影视娱乐业等内容供应商之间也存在矛盾，互相制约。正是这种决策上的失误，导致了美国宽带业务发展缓慢。

事实表明，越是复杂的行当，政策法规就越是要求包括细节。另外，越是走向法制社会，包含明确细节规范的法规政策就越是重要。

当初中国从日本进口缝衣针的时候，好多人都感到惊诧：一个针还要买日本人的？看到了日本针才发现，我们常用的针是圆孔，而日本的针是长条孔，这是为照顾老人们眼花而设计的。上海内环高架桥不允许1吨以上的小货车上桥，一个月后，0.9吨（900千克）的日本小货车就在上海收到订单了。

这些都说明了日本的企业十分注重细节。在实际操作中，要做到这些是不容易的，因为只有生产部、物料部、采购部、研发部、制造部通力协作，才能将这件事做好。但是如果你在决策和设计的过程中根本就没有考虑过这些细节，恐怕你连操作的余地都没有了。

一位管理学家指出，在市场竞争日益激烈残酷的今天，任何细微的东西都可能成为"成大事"或者"乱大谋"的决定性因素。把每一件简单的事做好就是不简单，把每一件平凡的事做好就是不平凡。

追求完美的细节，需要高度的责任心、敬业精神和严谨求实的态度，它要求你必须付出数倍多于别人的努力，才能取得超越别人的成就。

在这个世界上，最难完成的事情和最容易完成的事情是同一件事，那就是简单的事情，而成功就在于每时每刻能够把简单的事情重复做好。然而，在现实生活中，往往是想做大事的人很多，愿意把小事做好的人不多。我们不仅需要雄才伟略的战略家，同时也需要精益求精的执行者。

所以，做一个真正的人生赢家，不仅需要高瞻远瞩的智慧，而且需要重视细节，树立细节意识，从一点一滴的小事做起。"不论做什么事，你都应该精通它"，而要把事情做到最好，每个人心目中必须有一个很高的标准，而不是一般的标准。

在决定事情之前，要进行周密的调查论证，广泛征求意见，尽量把可能发生的情况考虑进去，尽可能避免出现1%的漏洞，直至达到预期效果。这也许是鸡毛蒜皮，但这就是工作，就是生活，是成就大事不可缺少的基础。

一个不愿做小事的人是不可能成功的。要想比别人优秀，只有在每一件小事上下功夫。不会做小事的人，也做不出大事来。因此，要担负起自己的责任，做好自己的本职工作，就要从细节做起，从小事做起。

无论从事何种职业，都应该专注，尽自己的最大努力，求得不断地进步。这不仅是工作的原则，也是人生的原则。如果能够全身心投入工作，把每件事情做透，终究会获得成功。

大到企业，小到个人，细节都是决定成功的关键。一个企业，如果能把握好运营中的细节，做到尽善尽美，那么企业一定会越来越强大；同样，如果一个人在实现梦想的路上注重细节的实现，把关键的细节做到、做好，那么他离成功会越来越近。在通往成功的路上，往往一个细节就会成为你的致命要素，一旦这个细节出现了问题，整个过程就会功亏一篑。

从小事做起，认真负责是一种素质。如果连小事都不去努力做好，很难说在大事上有能力做好。每当做事情时，就应该在心里严格要求自己，设定一个标准。某个事情应该做到什么样的标准，以后做类似的事情时就按照这种标准做，不应偷工减料。在一点一滴的小事上训练自己的素养，让自己变成一个训练有素的人，做更复杂的事情时就会得心应手。

人生固然要有宏大的远景构思，但人生的价值和意义却在生活的平淡琐碎中展现。对于个人而言，无论是说话、办事，还是做人，任何一个小细节都可能产生巨大的影响。一个不经意的细节，往往能够反映出一个人深层次的修养。展示完美的自己很难，因为这需要每一个细节都完美；但毁坏自己却很容易，只要一个细节没注意到，就会给你带来难以挽回的影响。

"墨菲定律"告诉我们：不要存在侥幸心理，小的细节会造成大的过错。但如果我们重视细节，不在细节上犯错误，那么，墨菲定律的魔咒就会失效，我们就能在工作上铸就自己的辉煌。

补足短板，经营自己的优势

在管理学中有一个著名的木桶理论：一只木桶的容水量，不取决于构成木桶的那块最长的木板，而取决于最短的那块木板。有人根据这个简单的理论总结出了三条推论：

其一，只有构成木桶的所有木板一样高，木桶才能盛满水。反过来说，如果这个木桶里有一块木板不够高，木桶里的水就不可能是满的。

其二，在所有比最低的木板高的木板中，高出来的部分是没有意义的，因为永远也用不上木板中高出来的那部分，所以高得越多，浪费也就越大。

其三，要想提高木桶的容量，就应该设法加高最低木板的高度，这也是唯一有效的途径。

我们每个人都有自己的优点，同时也有自己的短板，当认识到自己的短板时，要及时克服，变劣势为优势，才能趋于完美。德国著名化学家、诺贝尔化学奖得主奥托·瓦拉赫的成才经历对我们很有启示。

瓦拉赫在读中学时，父母希望他成为一名文学家。不料一个学期下来，教师为他写下了这样的评语："瓦拉赫学习勤奋，但思想拘泥，文学创造力极弱。"后来，瓦拉赫又改学油画。可瓦拉赫毫无艺术天赋，对构图和调色等基本功缺乏理解力，校方给出的评语更是难以令人接受："你在绘画艺术方面毫无造就的余地。"

对此，瓦立赫的父母都感到有些绝望了，幸好，他的化学老师认为他做事一丝不苟，具备做好化学实验应有的品格，建议他学习化学。没想到的是，在化学领域，瓦拉赫智慧的火花一下子被点着了，22岁便获得了博士学位，最终荣获了诺贝尔化学奖。

可见，每个人的智能发展都是不均衡的，都有智能的强点和弱点，他们一旦找到自己智能的最佳点，使智能潜力得到充分发挥，便可取得惊人的成绩。

瓦拉赫的故事告诉我们，必须把有限的时间和精力放在最擅长的领域，这样才能获得最高的投入产出比。他若是一生的精力都投入文学或者艺术中，或许依然有可能获得成功，但是绝对达不到他在化学领域的崇高地位。

每天我们都在做很多事情，有些事情费了半天劲儿，却发现自己内心深处根本就认为这件事情毫无意义，只不过是因为必须做而不得不做，这时候，心中带着纠结，带着后悔，只想着尽快完事，却失去了把事情做到极致的内部驱动力。

因此，无论做什么事，内心都要有一把尺子，衡量一下哪些事情是自己认为真正值得做的，哪些事情是让自己觉得做了有意义的。选择你所爱的，爱你所选择的，这样才能激发我们的斗志，心里才不空虚，才能够奋勇拼搏。

莫里哀和伏尔泰都曾从事过律师这一职业，但二人均发现自己不适合做律师，于是便及时进入其他行业，后来莫里哀成为伟大的文学家，伏尔泰成为杰出的资产阶级启蒙家。

作家斯贝克的人生刚开始时，并没有意识到自己在文学创作上有天赋，为了寻找适合自己发展的职业曾经改行好几次。斯贝克身高近两米，基于身高的条件最初时打篮球，是当地篮球队的一名队员。由于球技一般，加之年龄渐渐增长，他发现自己不适合继续打球了，便改行当画家。

他的绘画技巧并没有过人之处，不过他在给报刊绘画的过程中偶尔写一些短文，没想到这些短文受到编辑的赏识，自此他发现自己有写作方面的才能，继而走上了文学创作的这条道路。

达尔文不喜欢数学、医学，一旦触摸到植物，便能引发出他的极大兴趣，最终写出《物种起源》，成为进化论的奠基人。如果达尔文不从事植物研究，继续从事数学或医学领域，就不会有伟大的成就。对于达尔文而言，数学、医学就是他的劣势，而植物学才是他的优势，能让他最大限度地将自己的智慧发挥出来。

美国科普作家阿西莫有一天突然发现："我不能成为一流的科学

家，但我可以成为一流的科普作家。"于是，他把科研工作放下，将全部精力投入到科普创作上，终于成为当代世界最著名的科普作家。

伦琴学的是工程科学，在老师的影响下做了一些物理实验，逐渐感觉到自己干这行最适合，后来终于成了一个有成就的物理学家。

德国作曲家亨德尔在尚未学会说话时就开始学习演奏乐器，十岁时就创作了六首乐曲。亨德尔的父亲是宫廷理发师，他希望儿子成为律师，看到儿子如此爱好音乐，十分担忧，并采取了严厉的措施，禁止儿子演奏乐器，甚至因为小学有音乐课而不让儿子上小学。

可亨德尔根本就不理会父亲的苦心，白天不行，他就在夜深人静时起来练琴，为了不被人发觉，只好不出声地练。终于，他成了与巴赫齐名的音乐巨匠。

可见，每个人都有自己的优势，也有不足之处，这是非常正常的事情。很多人总希望能够改变自己的劣势，为了能弥补自己的短处，花费了大量的时间、精力和金钱，结果并不能让自己满意。更有甚者，在弥补自身缺点的过程中，自己本来已经有的那些优势也都变得荡然无存了。

一位心理学家曾经说过，判断个人成功与否，主要是看他是否能够将自己的优势发挥到极致。一般来说，当个人将自己的优势发挥至极点时，就会自动地忽略自己的劣势，从而达到取长补短的目的。

从一个初出茅庐的年轻小伙子成长为一名成熟稳健、广受欢迎的记者，彼得·詹宁斯在一个个岗位锻炼，经历了一个个拉长自己的短板、摆脱自己的短板的过程。

年轻的彼得·詹宁斯成为美国广播公司晚间新闻主播的时候，大学都没有毕业，但他认识到自身的不足，把事业作为自己的教育课堂。当他做了三年主播，觉得自己因采访能力不足而不能做一名出色的记者时，毅然辞去人人羡慕的主播职位，决定到新闻第一线去磨炼，干起记者的工作。

他在美国报道了许多不同方面的新闻，并且成为美国电视网第一个常住中东的特派员，后来他搬到伦敦，成为欧洲地区的特派员。

经过这些历练后，他重新回到ABC主播的位置。此时，他已由一个初出茅庐的年轻小伙子成长为一名成熟稳健、广受欢迎的记者。

彼得·詹宁斯看到了自己的"短板"，就通过努力去弥补它，从而使自己变得更有竞争力。我们生活在一个瞬息万变的时代，只有不断学习新的知识才能适应企业的发展，才能高效落实责任，才不会被淘汰出局。然而，许多人并不这么认为，他们觉得自己起点低，已经晚了，学了也跟不上；还有人认为自己拥有了一定学历和知识，不再需要学习，这些都是不正确的想法。

胡适先生曾经这样说过："譬如一个有作诗天才的人，不进中文系学作诗，而偏要去医学院学外科，那么，文学院便失去了一个一流的诗人，而国内却添了一个三四流甚至五流的外科医生，这是国家的损失，也是你们自己的损失。"

显然，一个人没有客观地评估好自己，就不能找适合自己的位置，从而埋没了自己的才能。不能选择适合自己的是一大错误，而做对了选择，却不能爱并坚持自己的选择，也是一种错误。

成功学大师安东尼·罗宾认为："人生长期在考验我们的毅力，唯有那些能够坚持不懈的人才能得到最大的奖赏。"我们应该选择那些最适合自己的东西，并且热爱它、坚持它，唯有这样，我们才能稳稳地掌控生命前行的方向，进而把所有的力量释放在对正确目标的追求中。

很多年前，英国一位叫克里斯托·莱伊恩的年轻建筑设计师，很幸运地被邀请参加了温泽市政府大厅的设计。他运用工程力学的知识，结合自己的经验，很巧妙地设计了只用一根柱子支撑大厅的方案。一年后，市政府请的权威人士进行验收时，对他的设计提出了异议。他们认为，用一根柱子支撑天花板太危险了，要求他再多加几根柱子，但是他认为只用一根柱子便足以保证大厅的稳固。他通过计算和列举相关实例进行了详细的说明，拒绝了工程验收专家们的建议。他的固执惹恼了市政官员，他险些被送上法庭。

迫不得已，他只好在大厅四周增加了四根柱子，令其他专家感到满意，不过这四根柱子全部没有接触天花板，其间相隔了不易察觉的两毫米。

时光如梭，岁月更迭，一晃三百年过去了。三百年的时间里，市政官员换了一批又一批，市政府大厅坚固如初。直到20世纪后期市政府准备修缮大厅的天顶时，才发现了大厅天顶由一根柱子支撑。这个秘密消息传出，世界各国的建筑师和游客慕名前来，观赏这根神奇的柱子，并把这个市政大厅称作"嘲笑无知的建筑"。最令人们称奇的是，这位建筑师当年刻在中央圆柱顶端的一行字：自信和真理只需要一根支柱。

这根支柱是来自心灵深处最执着的坚持，很多时候，敢于坚持自己正确的选择，敢于在巨大的压力之下不改变自己的初衷，这本身就是一种勇气。所以，我们一旦发现或者选择了正确的东西，就要敢于说出自己的想法，敢于坚持自己的想法，并以此来指导自己的行动。水滴石穿，绳锯木断。如果三心二意，哪怕是天才，也一事无成；只有仰仗恒心，点滴积累，才能获得成功。

从错误中积累有用的经验

错误就像手心和手背一样，在我们周身不停地发生并演变着，然而爱因斯坦的一句话或许会对我们有一定的启发，他说："上帝虽高深莫测，但他并无恶意。"

的确，错误本身并不可怕，因为我们可以发现错误、改正错误，从而从中总结教训，积累经验。然而幽默的上帝好像总是要和人们开玩笑似的，总是在我们解决了一个错误之后，又有许许多多的错误接踵而至。虽然如此，积极的人们还是在用极大的乐观主义精神，从容地面对着来自未来的不可知的挑战。

21世纪是一个经济飞速发展的时代，人们在解决了20世纪的种种问题和校正了错误之后，建立了人类成为世界主人的新时代，虽然人类还不能随心所欲地改造世界的面貌，然而至少人们在错误和困难面前不再束手无策了，因为，每一个错误和问题的解决都昭示着人类社会又向前进步了一点儿。

面对错误和问题，我们要是积极主动总能找到解决的方法，但是我们不能因此而得意忘形，因为，在未知的将来面前，我们解决问题和错误的能力还是有限的，更何况我们在改正一个错误的时候还可能犯下了另外一个错误呢？因为错误就像影子一样总是跟在我们身后。然而只要我们记得"墨菲定律"对我们的启示，我们就能对错误见怪不怪，从容自然。

错误就像痛苦一样是人们成长的一种代价和基石。因为错过，我们才能知道什么是对的；因为错过，我们就能避免再犯同样的错。虽然错误的不请自来也是我们不得不接受的命运，但错误并不总是坏事，从错误中汲取经验教训，我们才可以得出正确的结果，才能一步步走向成功。因此，我们可以把错误看作是通往成功的跳板，并借助与我们形影不离的错误获得更好的发展。

俗话说："祸兮福之所倚，福兮祸之所伏。"祸福互相依存，互相转化。世间万事瞬息万变，没有定数，好事瞬息能变成坏事，坏事也可能很快就变成了好事。因此，我们只需行至水穷处，静看云卷云舒。

福祸就像硬币的两面，相互依存，因此在日常生活中，我们没有必要因为一点儿成绩就大喜过望或因为一点儿不幸就悲痛欲绝，要清楚地知道，福祸总是手拉手的。

有一个人整天祈祷上天赐给他幸福，他的诚心感动了上天。终于有一天，上天派了美丽的幸福女神来敲他的家门，他喜出望外，赶忙请她进屋，但幸福女神却说："请等一等，我还有一个妹妹呢。"说着把在暗处跟着她的妹妹介绍给他。

他一看大吃一惊，因为这个妹妹长得十分丑陋，他问："她真的是你的妹妹？"

幸福女神回答说："是的，她是我的妹妹，是不幸女神。"

他说："我可不可以只请你一个人进来呀？"

幸福女神严肃地说："这可不行，我俩如影随形，无论走到哪里，都是在一起的，无法分开。"

无独有偶，任何事情都有两面性，由于福和祸都有可能发生，那么它们就会在某一时刻发生，现在没有发生的可能只是时间问题罢了。因此我们没有必要"以物喜，以己悲"，要知道，塞翁失马，焉知非福。

然而，造物主总是高深莫测，"墨菲定律"也总是冥顽不化，虽然我们不能阻止祸事的发生，但也不必谈祸色变，而是要感受到隐藏在它背后的某种善意。

肥皂的出现和鸡尾酒的发明也正是这种反应的例子。

在古埃及，有一天，一位法老大宴宾客，这当然是厨师们大显身手的好机会。然而就是这样异常重要的时刻，一位厨师竟然不慎将一盆油撒在炭灰里。他一边深深自责，一边将沾满油脂的炭灰捧出去。

当他洗手时，意想不到的情况出现了：平时最令他头疼的手上的油污，这一次竟然清洗得又快又干净。这位厨师因此而感到非常惊喜，于是，他马上叫来其他厨师也用这种炭灰洗手，结果自然洗得又快又干净。人类历史上最早的肥皂在这位厨师的"失误"中出现了。

历史有时候总是惊人的相似。在某个国家的一个酒吧里，有一个叫乔治的年轻伙计。平时他的工作就是把供酒商送来的酒按品种倒入相应的大缸里，再卖给客人。

他做得很认真也很小心，因为他是家里唯一的劳力，全家人也都靠他的这份微薄的工资维持生活。可是，"墨菲定律"还是不识趣地发生了。

有一天，他实在太疲惫了，迷迷糊糊中竟把酒倒错了缸子，两种酒混在了一起。他醒悟过来后脸色一片煞白。他非常清楚这种名贵酒的价值，他也清楚现在等待他的只有被炒鱿鱼和罚款。

巧的是，接班的人也正好来了，而且更巧的是正好有一个顾客来买这种酒。而那位不知情的伙计就把弄混了的酒舀了一杯给他。奇迹就这样出现了——顾客喝了这种弄混了的酒后竟然赞不绝口。

"为什么不把不同的酒混在一起，调成另一种别有风味的酒呢？"乔治突然灵光一闪，随即从这次失误中发现了一个契机。随后他不断地试验和调制，一种口感独特、颜色瑰丽的酒——鸡尾酒，终于面世了。它一出现，就成为顾客们的新宠，乔治也因此成为让人羡慕的富翁。

或许伟大的上帝还是比较仁慈的，他总在人们山穷水尽的时候，让人们转弯发现柳暗花明。或许看上去"邪恶"的"墨菲定律"也没有那么讨厌，因为它并没有将人们的希望完全的"埋葬"，而是在成功的道路上为我们留下了蛛丝马迹，让我们有迹可循。

改变观念，从危机中求生存

"墨菲定律"现在已经成为西方世界通用的俗语，其内涵被赋予了无穷的创意，人们将日常生活中的很多事情归结为这个定律的作用结果。通过"墨菲定律"，我们也可以明白很多道理，其中主要有不能存在侥幸心理、重视错误的作用、树立危机意识等方面。

不能存在侥幸心理

一般人被蜜蜂蜇过一次就会知道，最好不要去惹蜜蜂。笨的人被蜜蜂蜇过几次才知道最好不要去惹蜜蜂，而聪明人看别人被蜜蜂蜇就知道这一点。

但实际生活中，看着别人被蜜蜂蜇就知道不要招惹蜜蜂的聪明人毕竟还是很少的，大多数的人虽然听说过或者是看到别人被蜜蜂蜇，但仅仅只是看到了听到了，蜜蜂毕竟还没蜇到自己身上，没有那份经历和痛楚，非得等到自己真的被蜜蜂蜇过一次以后才真切地明白：不能招惹蜜蜂。

　　表面看起来很令人奇怪，按理说已经知道别人被蜜蜂蜇了有什么后果，就应该知道不要招惹蜜蜂，可为什么还不提高警惕，遇到蜜蜂绕着走呢？这就与人的侥幸心理有关，总觉得自己不会那么倒霉。常言道："不到黄河不死心，不见棺材不落泪。"

　　人总是存在侥幸心理的，总认为自己不会是最倒霉的那一个，或者说总是存在着过多而且过于美好的希望，总希望会出现转机，或者认为这次是个天上掉馅饼的好机会，于是就放松了警惕。

　　墨菲定律的实质告诉我们：不要存在侥幸心理。

　　侥幸心理，实质上是一种自欺欺人的不健康心理，心存侥幸者把出于偶然原因而得到的成功或免去灾难的事实看作是具有普遍性的，或者认识到其偶然性的存在却盲目地认为自己可以获得成功或免去灾难。

　　心存侥幸者，总以为运气好，就一次，不会出问题的。侥幸是犯错误的偶然，犯错误是侥幸的必然。侥幸一时，往往会不幸一生。

　　在生活中，自行车走机动车道，摩托车走人行横道，汽车在马路上随意调头、闯红灯等违规事例屡见不鲜。可以说每个人心里都很清楚这样做的危险性，却还要明知故犯。这幕后的主谋到底是谁呢？侥幸。

　　人们在十字路口准备过马路时，往往会忽略交通规则。红绿灯指挥着车辆，站岗士兵也指挥着行人，我们应该按"红灯停，绿灯行"的指示过马路，而不是抱着侥幸的心理想："反正没有车辆，又没有警

察，赶紧跑过去就是了"或者想"我才没那么倒霉呢"等。有很多交
通事故正是因为司机驾车的一时疏忽和不注意造成的，或者是司机酒
后驾车神志不清造成的。他们通常也都是抱着种种侥幸的心理，而最
后却酿成一个个无可挽回的悲惨结局。

在企业的日常经营管理过程中，我们经常也会看到"墨菲"的影
子，例如，我们经常会碰到，往往在订单交付的关键时刻，一台重要
的设备突然出现故障。这都是因为我们存在侥幸心理、放松警惕的
缘故。

那么，如何解决这类情况，确保企业正常运营，避免带来大的损
失，是值得我们认真思索的问题。从"墨菲定律"带给我们的启示来
看，我们可以从以下几点着手：

1. 周密计划，设想各种可能发生的事情、情况或发展趋势，不
忽略小概率事件。

2. 对能造成重大事故的事情建立预警机制。

3. 准备好应急措施、对策。

4. 将应急措施、对策讲解给相关的人员，必要时组织模拟演练。

5. 随时根据事物的发展状况进行应急措施、对策的调整。

从错误中一步步走向成功

"墨菲定律"告诉我们，每个人都会犯错误，不幸的事故总会发
生。这就要求我们不能回避错误，应勇敢地面对错误。这样做，才是
正确的人生态度，也才能真正地减少失误。

然而，在生活中，人们为了避免错误，却绞尽脑汁地设计了许多
"完美模型"，但是任何完美的模型也避免不了人们犯错误的天性。

事实上，人们已经吃过无数次迷信完美模型的大亏："泰坦尼克"

曾被认为是"不可沉没"的；马其诺防线也被称作"不可逾越"的；在发生核泄漏之前，每个核电站都声称自己的安全系统是"万无一失"的。

虽然错误就像我们的影子一样难以完全避免，但它并不像我们认为的那样可怕。在很多情况下，错误并不是什么坏事。只不过我们要尊重它，而不是企图掩盖它。

小赵和小周在同一家快递公司上班，他们负责同一个片区，是工作上的搭档。两个人工作勤奋努力，老板很信任他们。一天，小赵和小周把客户托送的一件瓷器送上邮车，但在装货时，两人没有抬好包裹，瓷器掉在地上摔碎了。

货物出了问题，这不仅仅是要赔付的问题，更会对本公司的信誉产生不良影响。为此，老板严厉地批评了他们两个人。批评过后，小赵偷偷溜到老板的办公室，对老板说："老板，这件事不是我的错，是小周不小心弄坏的。"随后，老板把小周叫到办公室，认真询问了事情的原委，最后小周说："这件事是我们的失职，我愿意承担责任。"

两个人忐忑不安地等待着处理结果，几个小时以后，老板把他们叫到了办公室："我已经询问了当时在场的其他人员，知道了事情的真相。出事之后，你们两人的不同表现，也让我对你们产生了不同的看法。我决定，小周留下来继续工作，小赵，你明天就不用再来上班了。"

谁都难免会犯一些错误。当我们犯错误的时候，脑子里往往会出现想隐瞒自己错误的想法，害怕承认之后会很没面子。其实，承认错误并不是什么丢脸的事。反之，在某种意义上，它还是一种具有

"英雄色彩"的行为。因为错误承认得越及时，就越容易得到改正和补救。

而且，由自己主动认错也比别人提出批评后再认错更能得到别人的谅解。更何况一次错误并不会毁掉你今后的道路，真正会阻碍你的是不愿承担责任、不愿改正错误的态度。如果我们能从错误中吸取教训，必然会更快地走向成功。

永不绝望，天无绝人之路

"墨菲定律"认为，事情如果有变坏的可能，不管这种可能性有多小，它总会发生。但若从反方向来理解，如果事情有变好的可能，那么不管这种可能性有多小，它也总会发生。对于成功正是如此。即使上帝给你关上所有的门，也会给你留扇窗。天无绝人之路，不管你经过多少挫折和磨难，只要你努力，一定会创造出奇迹。

我们对于幸福快乐的事情总是容易忘记，而对于不幸郁闷的事情却总是耿耿于怀。每当出现错误时，如果我们的反应是："真是倒霉啊！"那我们就会陷入"我真的很倒霉"这种情绪中，难以自拔。而聪明人在面对同样的状况时，则会说："原来这条路不行，那我再换条路试试！"正视错误，你会得到错误以外的东西。

没有人一生没有失败过，这句话听起来简单，却是至理名言。未曾失败的人恐怕也未曾成功过，失败其实就是迈向成功的必经之路。事实上，成功只代表了你人生的1%，而失败则占据了99%，1%的成功是99%的失败的结果。

能够及时调整自己的心态，从失败的阴影中走出来的人，本身就是一种成功。

现实生活中，有人会因为失败而放弃，也有人因为战胜失败而成就一番更大的事业；有人会因为对手强大而畏惧，也有人会因为挑战巨人而使自己快速成为巨人；有人会因为产品卖不出去而抱怨产品、抱怨公司、抱怨顾客，也有人因为产品卖不出去而创造出大受市场欢迎的新产品和新服务；有人会因为受不了上司的严厉而每每跳槽，也有人会因为"严师出高徒"而使自己能胜任更复杂的工作后不断晋升到高位！

可见，对事物的看法，没有绝对的对错之分，但有积极与消极之分，而且每个人都必定要为自己的看法承担最后的结果。消极思维者，对事物永远都会找到消极的解释，并且总能为自己找到抱怨的借口，最终得到了消极的结果。

接下来，消极的结果又会逆向强化他消极的情绪，从而又使他成为更加消极的思维者，这是一个恶性循环的怪圈。不愿意面对失败与不愿意承认失败同样不可取，人生最大的失败，就是永不失败和永不敢败。

有一个步行的人，因为路不平而摔了一跤，他爬了起来，可是没走几步，一不小心又摔了一跤，于是他便趴在地上不再起来了。

有人问他："你怎么不爬起来继续走呢？"

那人说："既然爬起来还会跌倒，我干吗还要起来，不如就这样趴着，就不会再摔了。"

这样的人，你一定认为他是一个可笑的人，因为他被摔怕了，所以不敢再起来继续往前走，因而他也就永远无法到达他的目的地。

我们小时候都玩过一种叫作"不倒翁"的玩具，"不倒翁"的重心在下面，所以无论你怎么推它、捅它，只要一松手，它立刻又会直立起来，因此，它永远都不会倒下。

人正是这样，由于不断地经受磨难，才能变得更坚强。你从失败中学到的东西，远比你从成功的经验中学到的东西要多得多。

树立危机意识

根据"墨菲定律"可以推出四条结论：一是任何事都没有表面看起来那么简单；二是所有的事都会比你预计的时间长；三是会出错的事总会出错；四是如果你担心某种情况发生，那么它就更有可能发生。因此，我们应该树立危机意识，在事前尽可能想得周到全面一些，采取多种保险措施，防止偶然发生的人为失误导致损失或灾难。

纵观无数的大小事故原因，可以得出结论："认为小概率事件不会发生"是导致侥幸心理和麻痹大意思想的根本原因。

"墨菲定律"正是从强调小概率事件的重要性的角度，明确指出：虽然危险事件发生的概率很小，但在一次实验或活动中仍可能发生。

"墨菲定律"告诉我们：不能忽视小概率事件，必须要有危机意识。由于小概率事件在一次实验或活动中发生的可能性很小，因此，就给人们一种错误的理解，即在一次活动中不会发生。其实，正是由于这种错觉，麻痹了人们的安全意识，加大了事故发生的可能性，其结果是事故可能频繁发生。

孟子曰："生于忧患，死于安乐。"这也是在提醒我们要有危机意识。在日常生活中，我们首先要将危机意识落实在心理上，也就是心理要随时有接受、迎接突发状况的准备，这是心理预防。未雨绸缪，心理有准备，到时便不会手足无措。当然，也不可总是心存恐惧，惶惶不可终日。

把失败当成成功的垫脚石

　　我们每个人都可能会经历失败，不同的是，有的人被失败吓破了胆，成为了可耻的逃兵；而有的人把失败当垫脚石，总结经验，变成了人人羡慕的成功人士。

　　美国多布林咨询公司集团总经理拉里·基利曾经说过这样一句话："容忍失败，是人们可以学习并加以运用的极为积极的东西。成功者之所以成功，只不过是因为他不被失败左右而已。"

　　希拉斯·菲尔德就是一个不被失败左右，能够总结经验教训，最后完成自己人生目标的人。世界上第一条横跨大西洋的海底电缆的铺设，历经无数艰难曲折，有多少次差点功亏一篑，但由于菲尔德的坚持，最终铺设完成并且一直使用到现在。

　　横跨大西洋海底电缆计划最早由希拉斯·菲尔德提出来后，在一开始就差点夭折：菲尔德的方案在议会上遭到了极其强烈的反对，多名议员明确表示，这是一项不可能完成的任务，纯粹是浪费金钱。但菲尔德没有放弃，而是使尽浑身解数反复游说，最后终于在上院表决中以一票的微弱优势通过。

　　随后，菲尔德开始了铺设工作。然而，就在电缆铺设到五英里（1英里约等于1.61千米）的时候，却突然被卷到了机器里面，工程被迫中断。菲尔德不甘心，又进行了第二次试验。

　　这一次，他在铺设了两百英里后，电流突然中断。菲尔德不得不下令割断电缆，工程再次中断。在这一年的第三次试验中，前面的故障没有了，可工程船却突然发生了严重倾斜，造成制动器紧急制动，工人不得不再一次割断了电缆。

参与这件事的很多人都很泄气，公众对此流露出怀疑的态度，投资者也对这一项目失去了信心。但菲尔德不是一个轻易放弃的人，他又订购了七百英里的电缆，而且又聘请了一个专家，然后开始了第四次铺设。

这一次，总算一切顺利，全部电缆铺设完毕，而且，也通过这条漫长的海底电缆成功发送了几条消息。似乎曙光在前，马上就要大功告成了。就在这时，电流又中断了，菲尔德不得不再次割断电缆返航，功亏一篑。

所有人都绝望了，除了菲尔德。他再一次活跃在伦敦投资界，最终又找到了投资人，开始了新的尝试。这一次，铺设工作坚持了六百英里，电缆折断沉入海底，菲尔德尝试打捞电缆，但没有成功。于是，这项工作就耽搁了下来，而且一搁就是一年。

这时的菲尔德只剩下一个信念：把工程继续下去。这一年中，他又组建了一家新的公司，而且制造出了一种性能远优于普通电缆的新型电缆。到1866年7月13日，在各界人士充满怀疑的眼光中，他又开始了新的试验。

这一次，菲尔德终于成功了。几次通信测试都没有遇到任何问题，菲尔德激动地发出了第一份横跨大西洋的电报："7月27日。我们晚上九点到达目的地，一切顺利。感谢上帝！电缆都铺好了，运行完全正常。希拉斯·菲尔德。"

菲尔德的成功证明：只要目标可行，那么，失败只是暂时的，只要不被失败左右，对成功抱有坚定的信念，就总会有成功之时。

拿破仑·希尔曾经说过:"失败并不是消极的,它也有好的一面。暂时的挫折会给我们重新站起来的勇气,它会让我们去寻找另一个比以前更好的机会,所以它对我们来说是一种锻炼。"

他的一生也遭遇过多次失败,当时他也认为自己会永远这样失败下去,但是后来,他明白过来,这一切并不是失败,而是把他一步一步引向了胜利的方向。

拿破仑·希尔从学校毕业后,一直从事速记员兼簿记员的工作达五年之久。因为他任劳任怨、不计报酬,所以晋升很快,当时他所取得的薪水和所负的责任,已超过了他当时同龄人的标准,并被许多家公司争相聘用。

为了挽留他,他所在的公司将其晋升为该公司的总经理。然而,好景不长,公司破产了,他遭遇了人生的第一次失败,他失业了。

在那之后,拿破仑·希尔总算找到了第二份工作,在美国南方的一家木材厂担任销售经理。尽管他对木材的销售业务不怎么在行,然而他凭着自己的"任劳任怨,不计报酬"的精神,终于在银行中有了自己的存款,也对未来充满了信心。

因为拿破仑·希尔的表现和业绩突出,老板打算和拿破仑·希尔一起干,拿破仑·希尔又一次感觉自己的事业到了顶峰。

站在高处当然会有一种美妙的感觉,但也会存在危险,一旦摔下来,就会粉身碎骨。1870年,命运之神又一次遗弃了拿破仑·希尔。在那一年,命运毁了他一切美好的东西。

经过这次惨败,拿破仑·希尔清醒了不少。他准备从木材业转行去学法律。这次打击是他生命的第三次转折,也让他开始了新的学习。

　　拿破仑·希尔上了法律学校的夜间部，白天则去当一名汽车推销员，因为有先前销售木材的经验。尽管当时他对其他事一无所知，但因其有敏锐的判断力、很好的口才，所以对工作并不感到陌生。

　　拿到法学文凭后，他把自己重新创业的地点选在了芝加哥。拿破仑·希尔认为，芝加哥是一个能够看出是不是具备在竞争激烈的世界中能够生存的地方，只要他能在芝加哥的任何行业取得一点儿成就，他就能证明自己具备真正的实力。

　　拿破仑·希尔在芝加哥获得的第一个职位是一所函授学校的广告经理。他认真地学习并且勤奋地工作，第一年就赚了5200美元。这个成绩让拿破仑·希尔高兴极了，他开始洋洋得意。可是，乐极生悲，厄运马上又找上他了。

　　他在担任函授学校的广告经理时表现很好，学校的校长说服他辞掉工作，和他合作进军糖果制造业，拿破仑·希尔觉得这个建议很好。于是，他们组建了"贝丝·洛丝糖果公司"，拿破仑·希尔则出任第一总裁。

　　他们的糖果事业发展得非常顺利，不久在18个城市都成立了分店。可是，拿破仑·希尔的合伙人却想吃掉他，独吞这个公司。他们设计让拿破仑·希尔入狱，逼他交出股份，可是最后，他们还是没有得逞。拿破仑·希尔最终还是胜利了，但他的财产却损失殆尽。

　　拿破仑·希尔第一次体验到人心竟然如此残酷、虚伪。这也是他第一次对敌人进行反击，但最后他还是原谅了那些人，也没有向他们追讨损失。

　　拿破仑·希尔在糖果事业遭受打击后，又一个转折点摆在他的面前。他选择到中西部的一家专科学校讲解推销技巧。

拿破仑·希尔在这里干得非常好，而且他的学生遍布每一个说英语的国家，这让他觉得自己离成功又近了一步。但是，第一次世界大战开始了。征兵征走了他的大部分学生，他自己也在其中，这样，他又变得一无所有了。

美国学者波克曾说过："贫穷是一个人所能获得的最好的经验，不过，在获得这个经验后，应尽快摆脱掉。"

1918年11月11日，是第一次世界大战结束的日子，这场战争让拿破仑·希尔成了一个穷光蛋，然而值得高兴的是，这场战争结束了，社会又恢复了秩序。

拿破仑·希尔相信失败是暂时的，只要能找到自己热衷的工作，他就会取得成功。他回顾自己的生平，往事一一出现在眼前。他把脑中的所思所想写了下来。

在这篇文章中，拿破仑·希尔侧重写了自己过去是怎样从一个普通员工上升到公司顾问的经历，写了他的理念和坚持，也写了他的勤奋和努力，更阐述了他一直奉行的"任劳任怨，不计报酬"的原则。

拿破仑·希尔当时是个穷光蛋，并没有钱出版文章，但他坚信会有人欣赏自己的哲学观念，乐意出钱帮助自己。就是在这种多少带有点儿幻想的态度下，一直深藏在拿破仑·希尔内心深处长达20年之久的一个愿望终于实现了，那就是他要成为一名报纸编辑。

这个愿望一直在拿破仑·希尔的脑海里，并且越来越强烈。最后他终于实现了这个心愿，找到了自己喜欢的工作。

拿破仑·希尔在这一行业中体会到，世界上还有比金钱更有价值的东西值得自己去追求。他工作时只有一个想法：只要能对这个世界提供力所能及的服务，哪怕只有一角钱的报酬，甚至一角钱也没有，他也心甘情愿。

不久，拿破仑·希尔出版了《希尔的黄金定律》，并于1920年初，应邀进行全国性演讲。至此，这位经历了多次"失败"的成功者，终于走上了人生的康庄大道。

有一首诗是这样写的：

> 若是成功眷顾了你，请你坚守梦想，因为她是你的导师。
>
> 若是失败困扰着你，请你坚守梦想，因为她是你的灯塔。
>
> 若是金钱权力诱惑着你，请坚守你的梦想，因为她的价值远胜于前者。
>
> 若是梦想抛弃了你，请自省，你很快会发现：
>
> 其实是你抛弃了梦想，那么请拾起她，放飞她。也许成功就会离你很近。
>
> 失败，是成功的必经阶段，没有谁能永远顺风顺水，摔倒并不可怕，真正决定成败的，是你摔倒后能否立即爬起来。

不害怕失败，更不害怕成功

"墨菲定律"的根本内容是：如果事情有变坏的可能，不管这种可能性有多小，它总会发生。它给人造成的错觉是，无论是什么事，当发生的一定会发生，而且会朝最坏的方向发展。它使胆怯的人遇到问题就畏缩不前，害怕经过自己的手，会使问题越发严重。

　　"墨菲定律"使思维不健全的人害怕失败，因为他们害怕可能到来的更加严重的失败。而美国著名心理学家马斯洛却提出了一个与"墨菲定律"完全相反的理论——"约拿情结"。

　　马斯洛把"约拿情结"描述为："我们害怕变成在最完美的时刻和最完善的条件下，以最大的勇气所能设想的样子。但同时，我们又对这种可能极为推崇。"也就是说，这是一种"对自身杰出的畏惧"或"躲开自己的卓越天赋"的心理。

　　说明白一点儿，有"约拿情结"的人是害怕成功。这是为什么呢？原来"约拿情结"，来自《圣经》上的一段记载：说的是先知约拿奉上帝之命前往尼尼微城去传话，这本是难得的使命和很高的荣誉，也是约拿平素所向往的。可当他完成了这项使命，荣誉摆在面前时，约拿却感到了畏惧。于是，他把自己隐藏起来，不让人纪念他，认为自己名不副实，他认为，他做的事是不得已的，是蒙了神的大恩才完成的。所以，他想把众人的目光引到神那里去。

　　这种在渴望机遇，但是当机遇真正到来时自我逃避、退后畏缩的心理，便是马斯洛所说的"约拿情结"。正是这种心理，导致我们不敢去做自己能做得很好的事，甚至逃避发掘自己的潜力。

　　"约拿情结"是一种看似十分矛盾的现象。人害怕自己失败，这可以理解，因为人人都畏惧自己最低的可能性。但是，人们不会畏惧自己最高的可能性。

　　这很难理解，但这的确是事实：人们渴望成功，又害怕成功，因为要抓住成功的机会，就意味着要付出相当的努力，面对许多无法预料的变化，并承担可能失败的风险。

　　毋庸讳言，"约拿情结"其实是我们平衡内心压力的一种表现。

我们每个人其实都有成功的机会，但是在机会的面前，只有少数人敢于冲破这种压力，认识并摆脱自己的"约拿情结"，最终抓住机会取得成功。德国一家电视台有一档叫《谁是未来的百万富翁》的智力游戏节目，通过答题可以赢得丰厚的奖品。但是这个游戏设置了一个小小的陷阱：每闯过一关，赢得了该关卡奖励后，就需要参赛者自己选择是否进入下一关。

下一关的奖励会比上一关更加丰厚，直到最后一关，累计可以赢得一百万大奖。但问题是，如果未能过下一关，那么之前得的所有奖金也就跟着泡汤了。

在节目开播的前十几期里，没有一位参与者能够获得一百万大奖，因为所有有能力继续挑战到底的参赛者都选择了见好就收，最多当奖金累积到十万左右的时候便放弃答题，退出比赛，而真正一路过关斩将、战斗到最后的人始终没有出现。

直到几年后，一位名叫克拉马的青年人，在获得十万大奖之后决定继续挑战。他破天荒地又闯过了五十万奖金的关卡，之后，经过一番深思熟虑，他毅然决定不放弃，冲击一百万的关口。

最终，他获得了节目开播以来的第一个一百万大奖。据当地媒体评论说，成就克拉马的不是他的学问，而是他的心理素质和雄心。在获得五十万奖金之后，每道题都相当简单，只需略加思考，便能轻松答出，但是，很多人却没有胆量挑战这一关。

正是"约拿情结"阻得了这些人进一步挑战自我，他们笃信没有尝试，就不会失败；没有失败，就不会受更大的损失。这是一种典型的自我妨碍心理，使得他们虽然可能比克拉马更有能力、知识更渊博，却达不到克拉马所达到的高度。

这就是为什么大部分人只能一世平庸，成功的永远只是少数人的重要原因。"约拿情结"使人的真实能力大打折扣，而"墨菲定律"又使人瞻前顾后。所以，想要开创人生新局面，就必须敢于打破"约拿情结"，突破"墨菲定律"，最终突破自己、超越自己，取得人生的辉煌。

敢于去面对最坏的结局

"墨菲定律"告诉我们，如果一件事情有可能出错，那么最后的结果就一定会出错。假若我们逆"墨菲定律"而行，不怕出错，或者设想出出错的最严重后果，那么，结局会不会有所改观呢？

在美国曼彻斯特市，住着一位叫汉里的人。多年前，他因经常忧虑工作上的事情得了胃溃疡。一天晚上，他的胃出血了，被送到医院进行治疗，体重也从77千克降到了41千克。经过检查，他的病情很不乐观，医生们甚至认为他的病是无药可救了。他只能吃苏打粉，每小时吃一匙半流质的东西度命。在重症病房里，每天早晚护士都要用一根橡皮管插进他的胃里，把里面的东西洗出来。

在医院住了几个月之后，汉里绝望了，他觉得自己除了等待死神的降临，再没有什么希望了。又过了几天，他突然态度大变，准备在有生之年去周游世界。当他把这个想法告诉他的主治医生的时候，他们大吃一惊。他们警告说，他们从来没有听说过这种事。如果他去周游世界，那就只有选择葬在大海里了。但汉里却平静地说："我已经答应过我的亲友，我要葬在路易斯安那州我们老家的墓园里，所以我打算随身带着棺材。"

　　于是，汉里买好了自己的棺材，把它运上船，然后和轮船公司商定，万一自己死了，就把他的尸体放在冻仓中，直到回到他的老家。他踏上了旅程，开始了自己的生命之旅。

　　当他从洛杉矶登上"亚当斯总统号"轮船向东方航行时，已经感觉好多了。渐渐地，他不再吃药，也不再洗胃了。不久之后，任何食物他都尝试着吃了，甚至包括许多以前吃了一定会送命的东西。

　　几个星期过去了，他甚至可以抽长长的黑雪茄，喝几杯老酒。多年来他从未这样享受过，他在印度洋上碰到季风，在太平洋上遇到台风，可他却从这些冒险中得到了很大的乐趣。他在船上玩游戏、唱歌、交新朋友，晚上聊到半夜。

　　到了中国和印度之后，他发觉自己回去后要料理的私事，与在东方看到的贫困和饥饿相比，真是天壤之别。于是，他抛弃了所有无聊的忧虑，觉得非常舒服。回到美国后，他的体重增加了90磅，几乎不像个得过胃病的病人。康复之后的汉里感慨地说："一生中我从未感到这么舒服、健康。"

　　汉里之所以能够摆脱病魔的困扰，重新拥有崭新的人生，是因为他在不自觉中运用了一个消除忧虑的法则。这个法则叫"卡瑞尔法则"。该法则指出：遇到困难时，首先问自己，可能发生的最坏情况是什么；其次，接受这个最坏的情况；最后，镇定地想办法改善最坏的情况。

　　故事中，在得知病情严重的时候，汉里意识到了最坏的结果就是死亡，当他心理上能够坦然接受这个最坏结果的时候，便采取用周游世界的方式来勇敢面对自己的病情。而这个法则的提出，源自卡瑞尔自身经历的一件事情。

威利·卡瑞尔年轻时在纽约一家钢铁公司担任工程师的职务。有一次，卡瑞尔奉公司安排到密苏里州去安装一架瓦斯清洁机。经过一番努力，机器勉强可以使用了，然而，与公司保证的质量却相差甚远。为此，他感到十分懊恼，甚至无法入睡。后来，他意识到烦恼不是解决问题的办法。于是，想出了一个不用烦恼而且能解决问题的方法，也就是我们今天熟知的"卡瑞尔法则"。为什么卡瑞尔的法则这么有实用价值呢？从心理学上讲，它能够帮助人们在绝望中看到希望，使人们的心能够真正地踏实下来。假如内心没有归属感，整天在提心吊胆地悬着，又怎么能把事情做好呢？

应用心理学之父威廉·詹姆斯教授曾说过："能接受既成事实，是克服随之而来的任何不幸的第一步。"林语堂在他那本深受欢迎的《生活的艺术》里也说过同样的话。这位中国哲学家说："心理上的平静能顶住最坏的境遇，能让你焕发新的活力。"的确，接受了最坏的结果后，人们就不会再害怕失去什么，也就意味着失去的一切都有希望回来了。如果每个人都能成为生活中的"卡瑞尔"，那么烦恼忧患将不再会影响到我们的生活质量。但是，并不是所有的人遇到烦恼时都能像卡瑞尔那样在冷静乐观中寻求解决之法，还是会有许多人不愿意也没有勇气接受最坏的情况。

于是，一方面苦苦纠结于烦恼忧虑中，另一方面又想不出解决问题的更好办法，这便产生了"墨菲定律"所描述的一切现象。其实，现实生活中，难免会有烦恼，也难免会遇到失败。对于这些，我们谁都逃避不了，只有选择面对。学会用卡瑞尔公式消除烦恼，在绝望中找寻希望，或许，生活将从此与众不同。